W0253571

# Die Citronensäure

# und ihre Derivate

Von

**Wilhelm Hallerbach**

Uerdingen am Rhein

Berlm

Verlag von Julius Springer

1911

ISBN-13: 978-3-642-48507-7 e-ISBN-13: 978-3-642-48574-9
DOI: 10.1007/978-3-642-48574-9


Softcover reprint of the hardcover 1st edition 1911

# Vorwort.

Das vorliegende Werk hat den Zweck, die einen wichtigen Handelsartikel bildende Citronensäure monographisch zu behandeln. Es war das Bestreben des Verfassers, das in Handbüchern und Zeitschriften wissenschaftlichen und technischen Inhalts zerstreute Material zu sammeln, zu sichten und übersichtlich zu ordnen, und so einen Leitfaden zu schaffen, mit dessen Hilfe man sich über diesen Gegenstand zu orientieren vermag. Daß das Buch für Wissenschaft und Technik ein brauchbares Hilfsmittel sein möge, ist der aufrichtige Wunsch des

**Verfassers.**

# Inhaltsverzeichnis.

# 1. Einleitung.

Die Citronensäure (Acidum citricum) hat ihren Namen bekanntlich von Citrus, einer Pflanzengattung der Rutaceen, in deren Früchten sie hauptsächlich vorkommt. Die Citrusarten sind immergrüne Bäume des wärmeren Asiens, auch im südlichen Europa und bei uns in Warmhäusern (Orangerien) kultiviert. Die wichtigsten Kulturarten derselben sind: Citrus aurantium Risso, mit süßen dünnschaligen Früchten (Orangen oder Apfelsinen); Citrus bigaradia Risso, mit bitteren oder saueren Früchten (Pomeranzen); Citrus bergamea Risso, mit säuerlichen, angenehm riechenden Früchten (Bergamotten); Citrus limetta Risso, mit blaßgelben, säuerlich süßen Früchten (Limetten); Citrus pompelmos Risso, mit großen, süßen, aber wenig schmackhaften Früchten; Citrus lumia Risso, Früchte den Limonen ähnlich, aber süß (Lumien); Citrus limonum Risso, mit eiförmigen, gelben, sauren Früchten (Limonen oder Citronen); Citrus medica Risso, (Cedratbaum) mit dickschaligen, säuerlichen Früchten [1]).

Die Citrusarten sind oft dornige Bäume oder Sträucher mit immergrünen, abwechselnden, lederartigen, einfachen, durchscheinend punktierten Blättern, gegen die Blattspreite abgegliedertem, häufig geflügeltem Blattstiel, weißen, sehr wohlriechenden, einzeln oder in achselständigen Doldentrauben stehenden Blüten, fleischigen, drüsigen Blumenblättern und fleischiger, vielfächeriger Beere, die mit einem von Saft strotzenden, zelligen Mus erfüllt und mit einer meist gelben, fleischigen, ölreichen, nach innen lederartigen oder pelzigen Schale bedeckt ist. Die wenigen Arten sind im nördlichen Ostindien, Kochinchina und zum Teil im südlichen

[1]) Risso, Histoire naturelle et culture des Orangers, Paris 1818 u. 1872.

China heimisch und werden in zahlreichen Varietäten in allen wärmeren Klimaten gebaut.

Den Alten waren die Citrusarten in ihrer besten Zeit unbekannt. Erst durch die Kriegszüge Alexanders erfuhren die Griechen von einem Wunderbaume mit goldenen Früchten in Persien und Medien. Diese medischen Äpfel erschienen nach Gründung der griechischen Königreiche in Vorderasien auf dem europäischen Markte und wurden den Hesperidenäpfeln verglichen, unter welch letzteren aber schwerlich die Citrusfrüchte zu verstehen sind. Die angebliche Eigenschaft medischer Äpfel, Ungeziefer abzuwehren, verschaffte ihnen den Namen Citrus, Malum citreum. Denn als Kedros werden die duftenden, unzerstörbaren Coniferenhölzer bezeichnet, welche selbst den Würmern widerstanden und die Kleider vor denselben bewahrte, und der zu gleichem Zwecke benutzte Apfel galt nun als Frucht des Kedrosbaumes.

Plinius erzählt von vergeblichen Versuchen, lebende Pflanzen in Kübeln nach Europa zu bringen, sie starben ab, oder setzten wenigstens keine Früchte an. Ein oder anderthalb Jahrhundert nach Plinius muß aber der Baum schon ein wirklicher Schmuck der Villen und Gärten begünstigter Landschaften gewesen sein. Florentinus beschreibt im dritten Jahrhundert die Kultur der Kitreai ganz in der Art der noch heute in Oberitalien gebräuchlichen. Nach Palladius, viertes Jahrhundert, wuchsen Citrusbäume auf Sardinien und bei Neapel im Winter und Sommer unter freiem Himmel. Der medische Apfel der Alten, welcher zuerst bekannt geworden war, war aber nicht die Citrone, sondern die Frucht des Cedratbaumes, welcher sich in der persischen Provinz Gilan, einem Teil des alten Medien findet. Sie kam zur Zeit der ersten römischen Kaiser nach Italien[1]).

Unsere Citrone, die Limone des Südens heißt so, nach dem arabischen limun, welches aus dem Persischen, indirekt aus dem Indischen stammt. Damit ist die Herkunft der Citrone angegeben. Im zehnten Jahrhundert kam sie nach Ägypten und Palästina und wir wissen, daß sie um 1240 in Europa noch nicht wuchs. Kreuzfahrer oder Handelsleute der italienischen Seestädte oder die Araber brachten die Citrone zuerst nach Europa und ihr stark saurer Saft diente hier wie im Orient bald als beliebte wie belebende Beigabe zu vielen Speisen und gab mit dem zu gleicher

---

[1]) Meyers Konv.-Lex.

Zeit bekannt werdenden Zucker die vielbegehrte Limonata ab. Auch die Pomeranzen kamen um diese Zeit durch Araber oder Kreuzfahrer nach Europa. Aus Indien hatte man sie im zehnten Jahrhundert nach Persien gebracht wo sie nareng genannt wurde. Die Araber nannten sie narang und daraus wurde byzantinisch nerantzion. Schon in Westasien hatte die Frucht viel von dem süßen Duft und der schönen Farbe verloren, welche sie einst in Indien besaß, und bei dem weiten Übergang nach Europa verblich sie noch mehr. Aber trotzdem entstand der französische Name Orange, nach dem hinspielenden Begriff or, aurum Gold.

Die Apfelsine, italienisch portogallo, enthält ebenfalls in ihrem Namen ihre Geschichte. Sie kam erst nach Ausbreitung der portugiesischen Schiffahrt aus dem südlichen China im sechszehnten Jahrhundert nach Europa. Von Lissabon gelangte sie bald nach Rom und verbreitete sich an den Küsten des mittelländischen Meeres bis tief nach Westasien hinein Selbst die Kurden nennen sie portoghal. Auch nach Amerika brachten Portugiesen und Spanier den Baum, der in den tropischen Gegenden der Neuen Welt wunderbar gedieh. Die Bergamotte ist erst seit 200 Jahren und die sogenannte Mandarinenorange erst seit 100 Jahren in Europa bekannt.

Die meiste Citronensäure enthalten die Früchte von Citrus limonum, die Citronen, deren Hauptproduktionsland die Insel Sizilien ist. Der Citronenbaum ist ein 3—5 m hoher Baum mit bewehrten oder unbewehrten, violetten, jüngeren Zweigen, oblongen, zugespitzten, kerbig gesägten Blättern, ungeflügelten Blattstielen, wenig wohlriechenden, außen roten Blüten und oblonger oder ovaler, oben oder an beiden Enden zitzenwarziger, gelber, drüsiger, etwa 6 cm langer, zehn- bis zwölffächeriger Frucht mit sehr saurem Fleisch und dünner, unebener Schale, stammt aus dem nördlichen Ostindien und findet sich in den Mittelmeerländern, Westindien und Südasien in mehreren Varietäten kultiviert und verwildert. Die vor ihrer völligen Reife abgenommene Frucht ist die Citrone unseres Handels, die im Süden Limone genannt wird. Der Baum blüht das ganze Jahr hindurch und trägt daher oft gleichzeitig Blüten, grüne und gelbe Früchte. Die erste Ernte fällt von Ende Juli bis Mitte September, die zweite in den November, die dritte in den Januar. Die Citronengärten in Oberitalien sind eine Art Kalthäuser, die Bäume stehen an hohen Mauern und zwischen ihnen sind Pfeiler errichtet, so daß die ganze Pflanzung im Winter mit Brettern eingedacht werden kann. Erst im Neapolitanischen und in Sizilien gleichen die Citronengärten unseren Obstgärten. Es dürfte von Interesse sein zu erfahren, daß die berühmte sizilianische Citrone auf einem bitteren oder Sevillaorangenbaum wächst, da sich der eigentliche Citronenbaum als nicht genügend widerstandsfähig erwiesen hat, und infolgedessen kaum noch in dortiger Gegend anzutreffen ist[1]).

Es ist bekannt, daß die Citronen und Orangen Siziliens, die sogenannten Agrumi, immer neue Konkurrenten auf dem Markte finden, was eine schwere Krisis in jenen Landwirtschaften verursacht. Es muß übrigens seltsam erscheinen, daß in dem größten Citronenlande der Welt keine Citronensäure fabriziert wird[2]). Der italienische Konsum, etwa 100 t im Jahre, wird fast ausschließlich durch Einfuhr aus England und Deutschland gedeckt. Deutschland ist daran mit etwa 60 t beteiligt. Die italienische Regierung hat vor einigen Jahren einen Preis von 200 000 L. für diejenigen ausgeworfen, welche in Italien eine Citronensäurefabrik errichten werden[3]). Die Frage, ob die Citronensäureindustrie in Süditalien möglich ist, ist zwar ziemlich alt, konnte aber bis jetzt keine zufriedenstellende Antwort finden.

Die Interessen, welche mit der genannten Preisausschreibung berücksichtigt werden, sind allerdings nicht diejenigen der Konsumenten, sondern die der Produzenten. Die Exporteure, welche Citronensaft oder Citronenkalk an die auswärtigen Fabrikanten verkaufen, sind gut organisiert, so daß die Produzenten für den Verkauf ihrer Produkte ganz von ihnen abhängen. Die Errichtung einer italienischen Citronensäurefabrik würde nach Ansicht der Regierung die Verhältnisse der Produzenten bedeutend verbessern, indem der Citronensaft direkt an diese Fabrik verkauft werden könnte. Ob aber eine solche blühen würde, ist fraglich, da sie ohne Zweifel einen schweren Kampf mit den organisierten ausländischen Fabriken bestehen müßte. Die größeren Kosten für Kohlen würden außerdem den Wettbewerb für die italienische Fabrik weiter erschweren.

Man hat den Vorschlag gemacht, einen Einfuhrzoll für Citronensäure und einen Ausfuhrzoll für Citronensaft auszusetzen.

---

[1]) Chem. Ztg. 1907, 733.

[2]) Abgesehen von kleineren Mengen.

[3]) Chem. Ztg. 1908, 640.

In diesem Falle ist es aber sehr wahrscheinlich, daß der größte Schlag die Citronenproduzenten selbst treffen würde. Die Handelskammer von Palermo hat auch den Vorschlag gemacht, ein obligatorisches Konsortium, wie für den Schwefel, zu gründen. Die Schwierigkeiten würden aber zu groß sein, da es mit einem so leicht zersetzbaren Material ganz unmöglich wäre, Vorräte anzusammeln. Das einzige für die Produzenten wirksame Mittel dürfte die Gründung einer großen Genossenschaft sein, welche selbst Citronensäure fabriziert.

**Citronenöl** oder Limonöl nennt man ein ätherisches Öl, welches aus Citronenschalen durch Pressen, seltener durch Destillation mit Wasser gewonnen wird. Es ist hellgelb, bisweilen grünlich, dünnflüssig, anfangs trübe, riecht angenehm nach Citronen, schmeckt aromatisch bitterlich und hat die Dichte 0,85. Es löst sich in zehn Teilen Weingeist von 0,85 d, sehr wenig in Wasser und mischt sich mit Fetten und ätherischen Ölen. Das gepreßte Öl klärt sich beim Stehen unter Bildung eines Bodensatzes und wird auch beim Schütteln mit Magnesia klar. Das destillierte Öl ist farblos und klar, bildet keinen Bodensatz, riecht aber weniger angenehm. An der Luft verändert sich das Öl sehr leicht und nimmt einen terpentinartigen Geruch an. Eine Lösung von Citronenöl in Weingeist bilden den Citronenextrakt. Man benutzt Citronenöl zu Parfüms, Likören und Konfitüren, und kann es auch als Ersatz der Citronenschale in der Küche verwenden, muß sich aber vor verharztem Öl hüten.

Die Fruchtschalenöle verlieren beim Erwärmen einen Teil ihres Wohlgeruches, es werden daher die feinsten Qualitäten nicht durch Destillation, sondern auf mechanischem Wege gewonnen. In Sizilien schneidet man die Fruchtschalen in zwei bis drei Längsstreifen vom Fleische ab, drückt diese Streifen durch Konvexspannung mit der Hand so, daß die Ölzellen zerplatzen und ihren Inhalt ausspritzen lassen. Das Öl wird in einem mit der anderen Hand gehaltenem Schwamme aufgefangen. Hat der Schwamm sich vollgesogen, so preßt der Arbeiter ihn kräftig und läßt die Flüssigkeit in ein irdenes Gefäß fließen in welchem das Öl von dem gleichzeitig ausgedrückten Safte sich scheidet. Diese primitive Art der Fabrikation liefert die im Handel am höchsten geschätzten Öle, sie werden als handgepreßte Öle oder Essences préparées à l'éponge bezeichnet. Zur Gewinnung von 1 kg Öl sind über tausend Früchte erforderlich. Die verbleibenden Rückstände werden destilliert, wodurch noch eine bedeutende Menge Öl von geringerer Qualität gewonnen wird.

Was die chemische Zusammensetzung der Öle betrifft, so bilden bei allen den Hauptbestandteil Terpene $C_{10}H_{16}$ daneben finden sich geringe Mengen sauerstoffhaltiger Stoffe und ein kristallisierbarer Stoff, das Bergapten $C_9H_6O_3$, welches sich beim Stehen der Öle als schleimiger Bodensatz abscheidet und durch Umkristallisieren aus Weingeist gereinigt werden kann. Im Citronenöl sollen angeblich zwei verschiedene Terpene, welche als Citren oder Citronyl und Citrilen oder Citryl bezeichnet sind, enthalten sein, in den Ölen der bitteren Orangen wird wieder ein anderes Terpen, das Hesperiden, angenommen. Letzteres gibt beim Bromieren ein Tetrabromid $C_{10}H_{16}Br_4$, verbindet sich in ätherischer Lösung mit trockenem Chlorwasserstoff zu kristallisiertem Dichlorhydrat $C_{10}H_{16} . 2\,HCl$, und wird durch Erhitzen unter gleichzeitiger Bildung von Polyterpen in ein Produkt verwandelt, welches nach Wallach[1]) beim Behandeln mit Brom ein Tetrabromid liefert, also mit dem Cajeputen und Cinen identisch ist.

Bekanntlich ist die größere Menge des ausgeführten Citronenöls nichts anderes als ein Gemenge aus Lemonöl mit Verbenaöl, dem in einigen Fällen etwas Rosenöl als Versüßungsmittel zugefügt wird. Lemonöl ist sehr häufig mit Citronenöl verwechselt worden, da in Frankreich und Sizilien Lemonöl als „Essence de Citron“ bekannt ist, während Citronenöl als „Essence de Cedrat“ bekannt ist. Citronenöl soll aus der Schale von Citrus medica Risso extrahiert sein. Tatsächlich aber verwendet man eine geringere Varietät der Frucht, indem die echte Citrone fast ausschließlich zur Darstellung von kandierter Schale verwendet wird[2]). Ein von Burgess[3]) untersuchtes Citronenöl von zweifelloser Echtheit gab folgende Konstanten: Dichte bei $15^0 = 0{,}8513$, Brechungsindex [N]D bei $20^0 = 1{,}4750$ und optische Drehung [a]D im 100 mm Rohr $= + 80^0\ 13'$. Bei der fraktionierten Destillation ergab sich die Hauptfraktion als Limonen vom Siedepunkt 173 bis $174^0$ unter gewöhnlichem Druck mit der Drehung von $+ 89^0$. Ebenso wurde Citral nachgewiesen.

---

1) Wallach, Ann. Chem. Pharm. 227, 289.
2) Chem. Ztg. 1901, Rep. 309.
3) Burgess, The Analyst 1901, 260.

Tilden und Beck[1]) untersuchten die festen Stoffe, welche sich aus frisch gewonnenen Ölen von Limonen, Citronen und Bergamotten ausgeschieden hatten. Die aus Limonen erhaltene Substanz bildete nach der Reinigung durch wiederholtes Umkristallisieren aus Weingeist kleine blaßgelbe Nadeln von der Zusammensetzung $C_{16}H_{14}O_3$. Citronenöl lieferte eine ähnliche Substanz von der Zusammensetzung $C_{14}H_{14}O_6$. Aus Bergamottöl wurde eine Substanz erhalten, die in farblosen Prismen kristallisierte. Parry[2]) untersuchte verschiedentlich Citronenöle, die durch ihre Dichte (0,8585 bis 0,8595), ihr niedriges Drehungsvermögen (+ 29 bis 37°), niedrigen Brechungsindex (1,4595 bis 1,4620) und Citralgehalt (1,5 bis 1,8 %) auffielen und sich durch Unlöslichkeit in absolutem Alkohol auszeichneten. Sie enthielten alle beträchtliche Mengen von Mineralöl, hatten aber wahrscheinlich auch einen Zusatz von Citronenölterpenen erfahren.

Neben dem gewöhnlichen gelangen auch terpenfreie Citronenöle und Pomeranzenöle in den Handel, die sich von jenen wesentlich unterscheiden. Insbesondere zeichnen sich dieselben durch eine große Löslichkeit und eine fast dreißigmal größere Aromatisationskraft aus. Sie finden vielfach zur Bereitung von Limonadenessenzen Verwendung und stehen außerordentlich hoch im Preise. Geißler[3]) bestimmte die Dichte von terpenfreiem Citronenöl zu 0,9003 und von terpenfreiem Pomeranzenöl zu 0,9090. Neuere Untersuchungen ergaben, daß das polarimetrische Verhalten dieser Öle das wichtigste Kriterium für die Reinheit derselben bildet. Mehrere von Idris[4]) untersuchte terpenfreie Citronenöle waren künstliche Mischungen und enthielten Lemongrasscitral.

In der rationellen Verarbeitung der Citronenschalen hat man bis jetzt noch keine wesentlichen Fortschritte gemacht. Für die Gewinnung des Citronenöls soll der mittelalterliche Prozeß des Ausdrückens mit der Hand immer noch in Blüte stehen[5]). An der Sonne getrocknete Orangenschalen werden für Zwecke der Liqueurfabrikation nach Deutschland ausgeführt. Zwar werden beträchtliche Mengen kandierter Schalen und Früchte hergestellt, die Kosten an Zucker sind jedoch zu hoch, als daß der Exporthandel

---

[1]) Tilden und Beck, Chem. Ztg. 1890, 377.
[2]) Parry, The Chemist and Druggist, 72, 275.
[3]) Geißler, Pharm. Zentralh. 1881, Nr. 21.
[4]) Idris, Chem. Ztg. 1899, 642.
[5]) Chem. Ztg. 1907, 733.

sonderlich gedeihen könnte. Die unreife, daher grüne Schale der Früchte von Citrus medica wird in Streifen zerschnitten, erst einige Zeit in Salzwasser eingeweicht, dann mit reinem Wasser gewaschen und so lange mit Zucker gekocht, bis sie durchscheinend geworden ist. Man bringt sie dann entweder getrocknet, oder in Zuckerlösung in den Handel und benutzt sie als „Citronat" in der feineren Bäckerei. Ein patentiertes Verfahren von Härtwig[1]) bezweckt, den inneren saftreichen Teil der Citronen nach Entfernung der ölhaltigen Schalen in eine für den Gebrauch fertige und haltbare Form zu bringen. Die Citronen werden in Scheiben zerschnitten, nach einem eigentümlichen Verfahren entsäftet und getrocknet, und sollen so zur Herstellung von Citronentee dienen. Außer den Früchten finden auch, besonders von Citrus aurantium und Citrus bigaradia, die Blätter als Tee und die Blüten zur Bereitung von Parfümerien Verwendung.

Die jährliche Ernte an Citronen in Sizilien wird auf 50 Milliarden Früchte geschätzt. Etwa 8000 Früchte kommen auf 1 t. 50 % werden als solche ausgeführt, 40 % werden zur Herstellung von Citraten und Öl verwendet und 10 % werden im Lande verbraucht. Für die Darstellung von Calciumcitrat in Sizilien wurden schätzungsweise 7000 t für 1910—11 angegeben. Der Minimalverkaufspreis für Calciumcitrat wurde für 1910—11 auf etwa 126 L. für 100 kg angegeben[2]).

Ein im Hinblick auf die sizilianische Citronenindustrie erlassenes Gesetz betreffs die Reorganisation der Camera agrumaria enthält folgende wesentliche Bestimmungen: Die Herstellung der Citronensäure wird der Kontrolle der Camera unterstellt. Es wird eine Steuer von 3 % des Verkaufspreises auf Calciumcitrat und konzentriertem Citronensaft erhoben, falls die Ware durch Vermittelung der Camera verkauft wird und 1 L. für 100 kg und für jedes Prozent Citronensäure, falls die Ware nicht durch Vermittelung der Camera verkauft wird. Der Verkaufspreis wird von dem an der Spitze der Camera stehenden Staatskommissar bestimmt. Besondere Vorrechte können Genossenschaften eingeräumt werden. Das Gesetz trat mit dem 31. Dezember 1910 in Kraft[3]).

---

[1]) Härtwig, Chem. Ztg. 1907, Rep. 70, D.R.P. 177 711.

[2]) Chem. Ztg. 1910, 1215.

[3]) Die chem. Ind. 1910, 756.

Die nachstehenden Tabellen geben einige statistische Angaben über Ein- und Ausfuhr von Citronensäure, Citronenkalk usw. Dieselben sind nach den Handelsberichten der „Chemiker-Zeitung“ und der „Chemischen Industrie“ zusammengestellt. Angaben über die Ein- und Ausfuhr anderer Länder als der aufgeführten sind aus den Berichten nicht zu ersehen. Nach dem deutschen Zolltarif vom Jahre 1902 wird für die Einfuhr von Citronensäure ein Zollsatz von 8 M. für 100 kg erhoben. Nach den früheren Tarifen war die Einfuhr frei[1]). Nach dem neuen Tarif vom Jahre 1910 wird in Frankreich ein Einfuhrzoll von 75 Fr. für 100 kg erhoben.

**Ein- und Ausfuhr von Citronensäure im deutschen Zollgebiet nach Menge und Wert.**

| Jahr | Einfuhr | | Ausfuhr | |
|---|---|---|---|---|
| | 1000 kg | 1000 M. | 1000 kg | 1000 M. |
| 1893 | 192 | 429 | 71 | 228 |
| 1897 | 235 | 400 | 107 | 259 |
| 1901 | 306 | 651 | 163 | 433 |
| 1904 | 422 | 810 | 293 | 614 |
| 1907 | 213 | 757 | 357 | 1284 |
| 1908 | 194 | 504 | 437 | 1149 |
| 1909 | 193 | 520 | 367 | 984 |
| 1910 | 206 | | 381 | |

**Ein- und Ausfuhr von Calciumcitrat im deutschen Zollgebiete nach Menge und Wert.**

| Jahr | Einfuhr | | Ausfuhr | |
|---|---|---|---|---|
| | 1000 kg | 1000 M. | 1000 kg | 1000 M. |
| 1907 | 657 | 1117 | 7,0 | 12 |
| 1908 | 1281 | 1538 | 7,1 | 9 |
| 1909 | 206 | 396 | 6,4 | 12 |
| 1910 | 841 | | 2,3 | |

[1]) Müller, Die chem. Ind. i. d. Zoll- u. Handelsgesetzgeb.

### Ein- und Ausfuhr von Citronensäure und Calciumcitrat (und Calciumtartrat) in Österreich-Ungarn.

| Jahr | Citronensäure | | Calciumcitrat | |
|---|---|---|---|---|
| | Einfuhr | Ausfuhr | Einfuhr | Ausfuhr |
| 1907 | 10,4 t | 17,7 t | 517,5 t | 5,0 t |
| 1908 | 10,7 t | 43,4 t | 612,6 t | — |
| 1909 | 11,6 t | 21,5 t | 489,6 t | 0,9 t |

### Ein- und Ausfuhr von Citronensäure in Frankreich und den Vereinigten Staaten von Nordamerika.

| Jahr | Frankreich | | V. St. v. N. A. |
|---|---|---|---|
| | Einfuhr, 1000 kg | Ausfuhr, 1000 kg | Einfuhr, 1000 Pf. |
| 1908 | 7,1 | 238 | 172 |
| 1909 | 2,6 | 528 | 243 |

### Ein- und Ausfuhr von Citronensaft im deutschen Zollgebiet nach Menge und Wert.

| Jahr | Einfuhr | | Ausfuhr | |
|---|---|---|---|---|
| | 1000 kg | 1000 M. | 1000 kg | 1000 M. |
| 1907 | 235 | | 16 | |
| 1908 | 360 | 162 | 21 | 9 |
| 1909 | 171 | 77 | 23 | 19 |
| 1910 | 371 | | 23 | |

### Ein- und Ausfuhr von Citronen-, Orangen-, Bergamotte- usw. -Öl im deutschen Zollgebiet nach Menge und Wert.

| Jahr | Einfuhr | | Ausfuhr | |
|---|---|---|---|---|
| | 100 kg | 1000 M. | 100 kg | 1000 M. |
| 1907 | 996 | 1349 | 501 | 701 |
| 1908 | 941 | 847 | 367 | 330 |
| 1909 | 1164 | 1280 | 382 | 443 |
| 1910 | 1128 | | 368 | |

## 2. Vorkommen.

Die Citronensäure ist sehr verbreitet in Früchten, Wurzeln und Blättern. Frei und neben wenig oder gar keiner Äpfelsäure findet sie sich in den Früchten von Citrus medica, Citrus aurantium, Vaccinium vitis idaea (Preiselbeere), Vaccinium oxycoccos (Moosbeere) und nach Stein[1]) in Drosera intermedia. Die Moosbeeren (Vaccinium macrocarpum, Nordamerika) enthalten nach Ferdinand[2]) fast $1\frac{1}{2}$ % Citronensäure ohne Beimengung von Äpfelsäure oder Weinsäure. Die Beeren von Oxycoccos palustris (Rußland) enthalten nach Kossowicz[3]) 2—3 % Citronensäure, frei von anderen Säuren. Neben Äpfelsäure findet sie sich in den Früchten von Ribes grossularia (Stachelbeere), Ribes rubrum (rote Johannisbeere), Vaccinium Myrtillus (Heidelbeere), Rubus idaeus (Himbeere), Rubus chamaemorus und nach Haitinger[4]) in ansehnlicher Menge im Kraute von Chelidonium majus. Neben Äpfelsäure und Weinsäure nach Vauquelin im Marke der Tamarinden und nach Liebig[5]) in den Vogelbeeren. An Kalium und Calcium gebunden im Tabak, im Milchsaft von Lactuca sativa usw. Ferner findet sich Citronensäure nach Rochleder[6]) in der Krappwurzel, nach Willigk[7]) in den Blättern von Rubia tinctorum, nach Dessaignes[8]) in einigen Pilzen, nach Michaelis[9]) in den Runkelrüben, nach Braconnot[10]) in den Eicheln, nach Bertagnini[11]) in den unreifen Früchten von Solanum lycopersicon (Lancaster[12]) will daneben Äpfelsäure gefunden haben) und nach Wittstein[13]) im Frühlingssaft des Weinstocks neben Weinsäure.

---

[1]) Stein, Ber. deutsch. chem. Ges. 12, 1603.
[2]) Ferdinand, Jahresber. Agrikulturchem. 1880, 98.
[3]) Kossowicz, Journ. russ. chem. Ges. 19, 273.
[4]) Haitinger, Monatsh. f. Chem. 2, 485.
[5]) Liebig, Ann. Chem. Pharm. 5, 141.
[6]) Rochleder, Ann. Chem. Pharm. 80, 322. Ber. chem. Ges. 3, 239.
[7]) Willigk, Ann. Chem. Pharm. 82, 343.
[8]) Dessaignes, Jahresber. d. Chem. 1856, 463. Ann. Chem. Pharm. 89, 120.
[9]) Michaelis, Jahresber. d. Chem. 1851, 394.
[10]) Braconnot, Jahresber. d. Chem. 1849, 486.
[11]) Bertagnini, Jahresber. d. Chem. 1855, 478.
[12]) Lancaster, Jahresber. d. Chem. 1860, 562.
[13]) Wittstein, Jahresber. d. Chem. 1857, 520.

Von Winterstein[1]) wurde Citronensäure aus Emmentaler Käse isoliert. Henkel[2]) gelang es, Citronensäure in der Kuhmilch nachzuweisen.

Kunz und Adam[3]) fanden in Erdbeeren, Himbeeren, Hollunderbeeren, Johannisbeeren und Pfirsichen hauptsächlich Citronensäure, aber keine Äpfelsäure. In Heidelbeeren, Stachelbeeren und Aprikosen fanden sie neben der vorherrschenden Citronensäure auch Äpfelsäure, in Kirschen und Pflaumen neben Äpfelsäure keine Citronensäure. Weinsäure wurde in keiner der untersuchten Proben gefunden. Die Angaben Späths[4]), welcher sagt, daß im Himbeerensaft hauptsächlich Äpfelsäure neben geringen Mengen Citronensäure vorhanden sei, bedarf nach Kayser[5]) einer Einschränkung. Kayser untersuchte einen durch Alkohol konservierten Himbeersaft und erhielt folgende Zahlen für 100 ccm: Weinsäure 0,180 und 0,220 g, Citronensäure 0,655 und 0,756 g, Äpfelsäure 0,300 und 0,220 g, flüchtige Säuren 0,045 und 0,060 g. Krzizan und Pahl[6]) untersuchten eine Anzahl selbstbereiteter Himbeersäfte böhmischer Herkunft, wobei sich ergab, daß die freie Gesamtsäure der Hauptsache nach aus Citronensäure und nicht aus Äpfelsäure bestand. Im Saft der Tomate, die jetzt auch in Deutschland vielfach angebaut wird, fand Stüber[7]) von organischen Säuren hauptsächlich Citronensäure. Weinsäure, Äpfelsäure und Bernsteinsäure konnten nicht darin nachgewiesen werden. Nach Untersuchungen von Kayser[8]) scheint die Citronensäure die einzige Fruchtsäure der Ananas zu sein.

Hundert Teile Citronen geben 5 bis 6 Teile Citronensäure. Rote Johannisbeeren geben nach Tilloy[9]) etwa 1 %, Preiselbeeren nach Graeger[10]) 1—1,2 % Citronensäure. In 1 Liter

---

[1]) Winterstein, Ztschr. physiolog. Chem. 41, 485.

[2]) Henkel, Jahresber. Fortschr. Tierchem. 1888, 94; 1891, 129. Landw. Versuchsst. 1891, 143.

[3]) Kunz und Adam, Chem. Ztg. 1907, 1268.

[4]) Späth, Ztschr. Unters. Nahr.- u. Genußm. 4, 920.

[5]) Kayser, Ztschr. öffentl. Chem. 12, 155, 191.

[6]) Krzizan und Pahl, Ztschr. öffentl. Chem. 1906, 342.

[7]) Stüber, Ztschr. Unters. Nahr.- u. Genußm. 1906, 578.

[8]) Kayser, Ztschr. öffentl. Chem. 1909, 187.

[9]) Tilloy, Berzel. Jahresber. 8, 245.

[10]) Graeger, Jahresber. d. Chem. 1873, 590.

Saft von unreifen Maulbeeren wurden von Wright[1]) 26,85 g Citronensäure gefunden. Nach den genannten Befunden von Kunz und Adam empfiehlt es sich, die Gesamtsäure in den äpfelsäurefreien Fruchtsäften und Marmeladen als Citronensäure anzugeben. Hubert[2]) konnte in fast sämtlichen, von ihm untersuchten Weinen Citronensäure nachweisen. Er glaubt daher, diese Säure als einen wesentlichen Bestandteil der Weine bezeichnen zu müssen. Auch Astruc[3]) verlangte auf Grund seiner Untersuchungen, daß Citronensäure ebenso wie Weinsäure als normaler Weinbestandteil zu betrachten sei. Ebenso hat Denigès[4]) immer Citronensäure im Wein aufgefunden, dieselbe ist aber in älteren Weinen nicht mehr nachzuweisen. Juckenack, Büttner und Prause[5]) fanden in 100 g Himbeersaft 1,54 g, in 100 g Erdbeersaft 1,30 g, in 100 g Johannisbeersaft 2,07 g und in 100 g Kirschsaft 1,47 g Citronensäure im Mittel. Die Genannten fanden in 100 g Himbeersirup 0,52 g, in 100 g Erdbeersirup 0,35 g, in 100 g Johannisbeersirup 0,86 g und in 100 g Kirschensirup 0,51 g im Mittel.

Eingehende Untersuchungen und umfangreiche Beobachtungen von Henkel[6]) über die Ausscheidungen von Calciumcitrat in Milchkonserven lassen es als sichergestellt betrachten, daß die in der Milch gefundene Citronensäure nicht ein zufälliger, nur ab und zu vorkommender, sondern ein regelmäßig vorhandener und normaler Bestandteil der Kuhmilch ist. Kuhmilch enthält nach Scheibe[7]) 1,7—2 g, Ziegenmilch 1—1,5 g, Frauenmilch etwa 0,6 g Citronensäure im Liter. Desmoulière[8]) fand in Kuhmilch im Mittel 2,210, in Ziegenmilch im Mittel 1,386, in Eselinnenmilch im Mittel 0,954, in Frauenmilch 0,785, in Schafmilch 1,075, in Stutenmilch 2,198 g krystallisierter Citronensäure pro Liter. Der Gehalt der Milch an Citronensäure ist nach Scheibe[9]) auch bei

---

[1]) Wright und Petersen, Ber. deutsch. chem. Ges. 11, 152.

[2]) Hubert, Ann. chim. analyt. appl. 13, 139.

[3]) Astruc, Ann. chim. analyt. appl. 13, 224.

[4]) Denigès, Ann. chim. analyt. appl. 13, 226.

[5]) Juckenack, Büttner und Prause, Ztschr. Unters. Nahr.- u. Genußm. 12, 735.

[6]) Henkel, Jahresber. Fortschr. Tierchem. 1888, 94; 1891, 129. Landw. Versuchsst. 1891, 143.

[7]) Scheibe, Jahresber. d. Chem. 1879, 664.

[8]) Desmoulière, Chem. Zentralbl. 1910, II, 1951.

[9]) Scheibe, Chem. Ztg. 1891, Rep. 197. Landw. Versuchsstat. 1891, 153.

ein und demselben Futter ziemlichen Schwankungen unterworfen. Die Citronensäure der Milch stammt nicht aus der Citronensäure oder von anderen organischen Säuren, die im Futter allenfalls enthalten sind, denn sie ist auch, wenn auch in geringerer Menge, iu der Frauenmilch enthalten. Auch bei ausschließlicher Fütterung von Mehl, das sicherlich frei von Citronensäure ist, enthält die Milch normale Mengen dieser Säure. Untersuchungen von Vaudin[1]) ergaben, daß die Citronensäure, in der Form des alkalischen Salzes, als welches sie in der Milch vorhanden ist, das Meiste dazu beiträgt, das Calciumphosphat des Milchserums in Lösung zu erhalten. Die Alkalicitrate und Alkaliphosphate, sowie das Calciumphosphat sind in der Milch in ganz bestimmten Mengenverhältnissen vorhanden. Es scheint, daß die Citronensäure der Milch in den Milchdrüsen selbst, auf Kosten der Laktose gebildet wird, und daß die Fähigkeit der Citronensäurebildung der Milchdrüsen die teilweise Löslichkeit des Calciumphosphates bestimmt. Obermayer[2]) bestätigt nicht nur die bereits von Scheibe festgestellte Tatsache, daß der Gehalt der Kuhmilch an Citronensäure erheblichen Schwankungen unterworfen ist, sondern er zeigte auch, daß die Citronensäure durch Kochen der Milch eine nicht unerhebliche Verminderung erfährt. Wahrscheinlich geht beim Erhitzen die als Calciumcitrat in der Milch gelöste Citronensäure durch Oxydation unter Bildung von Kohlendioxyd und Wasser in Calciumtricitrat über.

Andrlik[3]) fand Citronensäure neben Oxalsäure im Saturationsschlamm von der Zuckerfabrikation wie auch die von Lippmann[4]) zuerst, aber nicht im Rübensafte, sondern in Niederschlägen der Verdampfstoffe beobachtete Tricarballylsäure In der Schlammtrockensubstanz sollen wenigstens 0,16—1,21 %, im Mittel 0,70 % Citronensäure, also sehr wechselnde Mengen vorhanden sein. Der Citronensäuregehalt des Zuckersaftes ist nach Shorey[5]) zuweilen sehr bedeutend und bei schlecht überwachter Saftreinigung und Verdampfung kann sich Calciumcitrat in den Zuckern derartig anhäufen, daß die Nachprodukte 3—4 % desselben enthalten.

[1]) Vaudin, Ann. de l'Institut Pasteur, 1894, 502.
[2]) Obermayer, Arch. Hyg. 1904, 52.
[3]) Andrlik, Böhm. Ztschr. Zuck. Ind. 1900, 645.
[4]) Lippmann, Ber. deutsch. chem. Ges. 12, 649, 1650.
[5]) Shorey, Deutsche Zuck.-Ind. 1894, 1043.

Über Vorkommen in der Sauerkirsche: Rochleder[1]). Über Vorkommen von Calciumcitrat in den Niederschlägen des Runkelrübensirups: Borodulin[2]). Über Vorkommen im Safte unreifer Maulbeeren: Wright und Petersen[3]). Über wahrscheinliches Verhalten im Assimilationsprozeß der Crassulaceen: Mayer[4]). Über Vorkommen im Leguminosensamen: Ritthausen[5]).

## *Citronensaft.*

Das Material aus dem die Citronensäure technisch hauptsächlich dargestellt wird, ist der Saft der Citronen, der in Sizilien und dem übrigen Italien, sowie in Jamaika gewonnen wird. Der Wert des Saftes variiert sehr. Guter Saft enthält durchschnittlich 6—7 % Citronensäure. Stets finden sich darin Alkohol, anorganische Salze und Extraktivstoffe (Schleim und Gummi), welch letztere die Reindarstellung der Citronensäure erschweren. Der Alkoholgehalt des Saftes rührt von zersetztem Zucker her. Der ausgepreßte Saft geht freiwillig in Gärung über, wobei der Zucker in Alkohol verwandelt wird. Mit dieser Gärung tritt gleichzeitig eine Läuterung des Saftes ein, schleimige Stoffe scheiden sich ab und der Saft wird hell und klar.

Citronensaft schmeckt rein sauer, bisweilen von zerquetschten Kernen bitterlich, riecht angenehm, ist anfangs trübe, klärt sich aber allmählich und kommt in diesem Zustand, bisweilen aber auch konzentriert mit einem drei- bis vierfach so hohen Gehalt an Citronensäure in den Handel. Der Saft von Neapel soll besser sein als der, welcher in Messina und Palermo gewonnen wird, und dem von Jamaika, welcher als der vorzüglichste gilt, am nächsten kommen. Ein Teil des Citronensaftes wird zwar als solcher ausgeführt, die Hauptmenge desselben wird jedoch nach einem äußerst primitiven Verfahren, das noch tiefgreifender Umgestaltung und Verbesserung fähig sein dürfte, in Calciumcitrat übergeführt.

An Stelle des seither allgemein üblichen Preßverfahrens wird in mehreren Fabriken Siziliens der Saft aus den Citronenfrüchten

---

[1]) Rochleder, Ann. Chem. Pharm. 80, 322. Ber. chem. Ges. 3, 239,

[2]) Borodulin, Ber. deutsch. chem. Ges. 4, 977.

[3]) Wright und Petersen, Ber. deutsch. chem. Ges. 11, 152.

[4]) Mayer, Ber. deutsch. chem. Ges. 8, 1090.

[5]) Ritthausen, Ber. deutsch. chem. Ges. 17, 322.

mittelst Zentrifugen gewonnen[1]). Diese Art der Herstellung bietet verschiedene Vorteile. Die von der Schale befreiten frischen Früchte werden durch Zackenwalzen zerquetscht und dann sofort in den Schleuderapparat gebracht. Die Ausbeute an Saft ist nicht geringer, vielleicht sogar etwas größer als wenn Pressung in Anwendung kommt. Die Rückstände sind ohne jede Schwierigkeit und ohne Zeitverlust aus dem Apparate zu entfernen. Der gewonnene Saft zeichnet sich dadurch aus, daß er wesentlich weniger trübe Bestandteile enthält und leichter zu klären ist als der mittelst Pressung hergestellte. Ferner werden die in den Citronen enthaltenen Kerne bei Anwendung des Schleuderverfahrens nicht zerdrückt wie es beim Pressen der Fall ist. Die Extraktivstoffe der Kerne gehen mithin nicht in den Saft über. Letzterer hat also nicht den oft unangenehm empfundenen bitterlichen Beigeschmack des gepreßten Saftes. Die Herstellung des Citronensaftes mittelst Zentrifuge verdient daher unbedingt den Vorzug.

Frisch gepreßt ist der Citronensaft grünlichgelb, dunkelt aber beim Lagern nach und spielt ins Bräunliche hinüber. Das eigenartige Fruchtaroma hat fast keine Ähnlichkeit mit dem der Schalen, auch der charakteristische Geschmack kann bei einiger Übung nicht mit dem von Citronensäurelösungen verwechselt werden. Mit Glaspresse gepreßter und durch reines Filtrierpapier filtrierter Citronensaft ist nach Köpke[2]) nur schwach gelblich gefärbt und gibt mit Kaliumferrocyanid keine Eisenreaktion. Obige Gelbfärbung wird durch Lösen von Eisen aus dem Filtermaterial wie Speckstein und Kieselgur bewirkt. Setzt man zu reinem Citronensaft etwas Eisenchlorid, so erhält man mit Ammoniak Braunfärbung, eine von Küttner und Ullrich[3]) zur Erkennung echten Citronensaftes vorgeschlagene Reaktion.

Der Gehalt des Citronensaftes an Citronensäure beträgt nach Muspratt[4]) 6,01—7,18 g, nach Frisch[5]) 5—8 g, nach Beythien und Borisch[6]) 6,43—6,71 g, nach Lührig[7]) 6,90—8,11 g, nach

[1]) Stock, Chem. Ztg. 1908, 476.
[2]) Köpke, Pharm. Zentralh. 46, 974.
[3]) Küttner und Ulrich, Arch. Pharm. 1908, 472.
[4]) Muspratt, Handb. Techn. Chem. Bd. II, 718.
[5]) Frisch, Chem. Ztg. 1908, Rep. 582.
[6]) Beythien und Borisch, Ztschr. Unters. Nahr.- u. Genußm. 9, 449.
[7]) Lührig, Ztschr. Unters. Nahr.- u. Genußm. 1906, 441, 651.

Boes[1]) 6,26—8,28 g, nach Farnsteiner[2]) 5,87—6,80 g, nach Juckenack, Büttner und Prause[3]) im Mittel 6,54 g in 100 ccm. In den vergorenen und gespriteten Säften bilden sich Citronensäureester, die beim Lagern zunehmen, und nach Beythien und Borisch[4]) etwa 0,15 g, nach Frisch[5]) bis 0,5 g in 100 ccm, auf Citronensäure berechnet, erreichen können. Die Ermittelung der in Form von Estern vorhandenen Citronensäure ist deshalb bei der Analyse sehr zu empfehlen. Unbedingt erforderlich bei der Untersuchung von Citronensäften ist auch die Bestimmung von flüchtigen Säuren, da ohne deren Kenntnis ein ganz unrichtiges Analysenbild erhalten werden kann.

Nach Lührig[6]) enthielten selbstbereitete Citronensäfte 0,3205 bis 0,3887 g Mineralstoffe in 100 ccm. Die Alkalinität der Mineralstoffe steigt nach Frisch von etwa 4 bis nahezu 8 ccm Normalsäure. Der Stickstoffgehalt der Säfte ist beträchtlichen Schwankungen unterworfen. Von Farnsteiner wurden 0,055—0,093 g, von Küttner und Ullrich 0,072—0,098 g N in 100 ccm gefunden. Nach Beythien und Borisch ist ein Stickstoffgehalt, der wesentlich unter 0,025 oder gar 0,020 herabsinkt, ein wichtiges Verdachtsmoment dafür, daß kein reiner Saft vorliegt. Auch sind Proben mit weniger als 0,80—0,85 g Extraktrest sicher kein reiner Citronensaft mehr. Die Differenzen zwischen den direkt gewogenen und den nach der sogenannten Additionsmethode erhaltenen Extrakten sollen so bedeutend sein, daß das Extrakt im Citronensafte nicht direkt bestimmt werden sollte.

Nach Röhrig[7]) werden nach einem patentierten Verfahren konzentrierte Fruchtsäfte hergestellt, indem den Fruchtsäften zunächst das Aroma durch geeignete Lösungsmittel entzogen und dann dem konzentrierten Safte wieder zugesetzt wird. So von Citronen, Aprikosen, Himbeeren, Erdbeeren und Ananas. Diese konzentrierten Fruchtsäfte sind dunkelbraune, sirupöse, in Zuckersaft blank lösliche Flüssigkeiten.

---

[1]) Boes, Apoth. Ztg. 1902, 483.

[2]) Farnsteiner, Arch. d. Pharm. 1908, 472. Ztschr. Unters. Nahr.- u. Genußm. 6, 1.

[3]) Juckenack, Büttner und Prause, Ztschr. Unters. Nahr.- u. Genußm. 12, 735.

[4]) Beythien und Borisch, Chem. Ztg. 1906, Rep. 233.

[5]) Frisch, Chem. Ztg. 1908, Rep. 582.

[6]) Lührig, Ztschr. Unters. Nahr. u. Genussm. 1906, 441, 651.

[7]) Röhrig, Pharm. Zentralh. 1910, 285.

Der Citronensaft des Handels ist häufig verfälscht und zwar einmal mit Kochsalz, um dadurch sein spezifisches Gewicht, welches gewöhnlich als sein Kriterium seiner Güte angesehen wird, zu erhöhen, und außerdem mit Schwefelsäure, um ihm größeren Gehalt an Säure zu geben. Zeigt eine qualitative Prüfung auf Zusatz von Silbernitrat und Baryumchlorid in angesäuerten Lösungen mehr als sehr geringe Niederschläge, so ist eine weitere quantitative Bestimmung der Beimengungen geboten. Natriumchlorid wird bestimmt durch Ausfällen mit Silbernitrat und Wägen des Silberchlorids, Schwefelsäure mittelst Baryumchlorid nach bekannten Methoden. Ein von Mathes und Müller[1]) untersuchter Saft hatte, anscheinend zum Zwecke der Vortäuschung von Pektinstoffen, einen Zusatz von Stärkesirup erhalten. Die Vortäuschung echten Saftes war ferner durch Zusatz eines Phosphates versucht.

Ein reiner, konzentrierter, aus reifen frischen Citronen gepreßter Saft hat nach Hensel und Prinke[2]) nicht unter 5,2 und nicht über 7,6 % Citronensäure. 100 g Naturcitronensaft müssen mit 16 g 10 %igem Salmiakgeist durch die natürlichen Farbstoffe des Saftes rotbraun gefärbt werden. 100 ccm, mit 40 ccm Weingeist überschichtet, müssen infolge der vorhandenen Pektin- und Eiweißstoffe eine weiße Zone geben. Als echt und normal zusammengesetzt hat nach Beythien und Borisch[3]) ein Citronensaft zu gelten, welcher aus Früchten gepreßt, eventuell der Gärung überlassen, dann nach Zusatz von Alkohol filtriert und schließlich durch Erhitzen keimfrei gemacht worden ist. Unter 105 von Beythien und Borisch untersuchten Säften des Handels waren 70 Proben Naturprodukte, 12 hatten Zusätze von Citronensäure erhalten und 23 stellten Kunstprodukte dar.

In einer sehr eingehenden interessanten Arbeit besprachen Windisch und Schmidt[4]) die gebräuchlichsten und besten Methoden zur Untersuchung von Fruchtsäften, sowie den Wert der dabei erhaltenen Ergebnisse zur Beurteilung. Über natürlichen

---

[1]) Mathes und Müller, Ztschr. Unters. Nahr.- u. Genußm. 1906, 20.

[2]) Hensel und Prinke, Pharm. Ztg. 1904, 68.

[3]) Beythien und Borisch, Ztschr. Unters. Nahr.- und Genußm. 9, 449.

[4]) Windisch und Schmidt, Ztschr. Unters. Nahr.- u. Genußm. 1909, 584.

Citronensaft auch: Leske[1]). Über Nachweis von Salpetersäure in Citronensaft: Dotto und Scribani[2]).

Nach Untersuchungen von Devin[3]) enthalten die Citronensäfte des Handels zum größten Teil Frischhaltungsmittel. Als solche wurden gefunden Weingeist, Ameisensäure und Salicylsäure, bei einigen Säften auch Weingeist neben Salicylsäure. Umfangreiche Untersuchungen ergaben, daß es möglich ist, einem Citronensaft durch Pasteurisieren, das heißt Erhitzen auf 63—65° an zwei aufeinanderfolgenden Tagen je zwei Stunden lang, die erforderliche Haltbarkeit zu geben. Ein Zusatz von Weingeist soll nicht nötig sein, um die Säfte haltbarer zu machen. Abgesehen davon, daß der Saft durch den Alkoholzusatz verdünnt wird und geschmacklich leidet, sind so erhebliche Mengen, wie sie zur Verhinderung der Nachgärung bei nicht völlig vergorenen Säften erforderlich sind, nicht unbedenklich, besonders bei der Verwendung in den Tropen. Die Zusätze von Frischhaltungsmitteln wie Borsäure, Salicylsäure und Ameisensäure sind auszuschließen.

Trotzdem nach dem Gutachten der königlich preußischen wissenschaftlichen Deputation jeder Zusatz von Salicylsäure zu Citronensaft und Himbeersaft als gesundheitsschädliche Verfälschung bezeichnet wird, bekennt sich die Rechtsprechung allgemein zu dem Standpunkt, daß ein geringer Zusatz von Salicylsäure nicht als Fälschung im Sinne des Nahrungsmittelgesetzes, sondern als notwendiges Konservierungsmittel anzusehen ist, so auch der Strafsenat des Kölner Oberlandesgerichtes in einer am 8. Juli 1905 getroffenen Entscheidung[4]). Das Oberlandesgericht hob insbesondere hervor, daß eine Verfälschung deshalb nicht vorliege, weil zum Begriff der Verfälschung gehöre, daß dem Nahrungsmittel der Anschein der Verbesserung gegeben werde, während der Zusatz von Salicylsäure lediglich dem Zwecke besserer Konservierung diene. Beythien und Borisch[5]) sehen einen Zusatz von Salicylsäure oder Ameisensäure nicht als Verfälschung an, auch halten sie einen Zusatz von 8—10 % Weingeist für statthaft. Eine Sterilisation scheint im Großbetriebe bisher noch

---

[1]) Leske, Pharm. Ztg. 1910, 191.

[2]) Dotto und Scribani, Ber. deutsch. chem. Ges. 11, 1838.

[3]) Devin, Apoth. Ztg. 1908, 293.

[4]) Chem. Ztg. 1905, 773.

[5]) Beythien und Borisch, Ztschr. Unters. Nahr.- und Genußm. 9, 449.

nicht durchführbar zu sein, weshalb eine Verwendung antiseptisch wirkender Chemikalien zurzeit noch die Regel bildet.

Citronensaft gibt bei Konservierung mit Alkohol allmählich Ausscheidungen von Eiweiß und Schleimteilen, die zwar ganz harmlos sind, dem Safte aber ein unappetitliches Aussehen verleihen und ihn fast unverkäuflich machen. Der in den Saft durch nachträgliche Auslaugung mitgepreßter Kerne übergehende Bitterstoff ist eine ganz unerwünschte Beigabe. Die aus den Schalen in den Saft gelangenden Aromastoffe nehmen beim Konservieren oder längerem Lagern oft einen unangenehmen Geruch und Geschmack an. Ein patentiertes Verfahren von Hensel und Prinke[1]) soll es ermöglichen, die erwähnten Schäden zu verhüten, ohne durch diese Behandlung der Natürlichkeit des Saftes zu schaden, sondern ihm weiter das volle Anrecht auf Naturcitronensaft zu lassen. Es wird auch jetzt das Aroma meist schon in Form einer Essenz, die durch Destillation der Schalen gewonnen ist, hervorgerufen. Citronensaft mit Schalenaroma, der neben dem gewöhnlichen in den Handel kommt, ist nach Boes[2]) alkoholfrei.

Christensen[3]) hält den Naturcitronensaft für nicht so geeignet, als ein aus reiner Citronensäure hergestelltes Produkt. Demgegenüber hält Norrenberg[4]) es für unbedingt nötig, daß an der Unterscheidung zwischen Citronensaft und einer Lösung von Citronensäure auch in der Bezeichnung streng festgehalten werde. Neuerdings wird der Citronensäurelösung durch Zusatz von Äpfelkraut der Charakter des Citronensaftes zu geben versucht. Zur Aufdeckung einer solchen Fälschung wird die Höhe des Äpfelsäuregehaltes zu bestimmen sein. An der Hand von Untersuchungsergebnissen einer Reihe selbstgepreßter Säfte von Citronen verschiedener Herkunft wurde von Beythien und Borisch die Richtigkeit des von Farnsteiner angegebenen Verfahrens zur Citronensaftanalyse erwiesen und gezeigt, daß mit seiner Hilfe eine Anzahl verfälschter und nachgemachter Erzeugnisse entdeckt, sowie eine Besserung der Handelsverhältnisse herbeigeführt werden konnte. Weiterhin zeigte sich, daß die sogenannte Ammoniakprobe mit großer Vorsicht benutzt werden

[1]) Hensel und Prinke, Pharm. Ztg. 50, 81.
[2]) Boes, Apoth. Ztg. 1902, 483.
[3]) Christensen, Pharm. Zentralh. 46, 129.
[4]) Norrenberg, Pharm. Zentralh. 46, 160.

muß, da sie auch bei reinen, aber kalt behandelten Säften nicht immer eintritt.

In bezug auf die Säurebildung in den Citronen steht erfahrungsgemäß fest, daß die Früchte ihren Säuregehalt vermindern, sobald man es unterläßt, sich ihre Pflege angelegen sein zu lassen. Die Früchte müssen vollkommen grün gepflückt werden. Im Stadium für die weitere Behandlung darf die Frucht keine Spur einer gelben Farbe erkennen lassen. Nach Leuscher[1]) bringt man in Nordamerika die auf diese Weise geernteten Früchte in ein Fermentierhaus, wo die Temperatur einige Wochen auf etwa $50^0$ gehalten wird. Dies soll bezwecken, den Zucker aus der Frucht auszuschwitzen, wie der Fachmann sich ausdrückt. Hierauf setzt man die Frucht längere Zeit einer niedrigeren Temperatur aus. Dann erst ist sie fertig für den Markt und läßt den richtigen Säuregrad erkennen.

Ein anderer Zweck wird noch durch den Fermentierprozeß verfolgt, derselbe besteht darin, die Schale dünner zu machen. Wenn anfänglich die Frucht vom Baume genommen ist, besitzt sie eine starke, schwammig zähe Schale. Sobald der Zucker verschwindet und die Säure das Übergewicht erlangt, ist auch die Schale dünner geworden. Wird eine Citrone zu reif, so wird damit auch ihre Schale sehr dick, und außerdem macht sich ein großer Verlust an Säure bemerkbar. Außer der Pflege des Baumes, welche in guter Düngung und gutem Verschneiden besteht, ist es nötig, um Erfolg zu erzielen, die Früchte im richtigen Reifestadium zu pflücken, sie gut zu fermentieren, sie sorgfältig zum Export verpacken, dabei die Anwesenheit gelber Früchte zu vermeiden, und ihnen etwas, aber nicht zu viel, Luft zu geben.

## 3. Darstellung.

Man gewinnt die Citronensäure aus dem Citronensaft, in neuerer Zeit auch durch Gärung der Glykose, bewirkt durch gewisse Pilze.

**Darstellung aus Citronensaft.** Die Reindarstellung der Citronensäure aus dem Citronensaft geschieht im allgemeinen in folgender Weise: Der rohe Citronensaft wird mit Kalk neutralisiert, das

---

[1]) Leuscher, Ztschr. öffentl. Chem. 1902, 25.

gebildete Calciumcitrat durch Waschen mit Wasser von den löslichen, nicht mit Kalk unlösliche Verbindungen eingehenden, fremden Saftbestandteilen befreit und mit Schwefelsäure zersetzt. Die dann vom gebildeten Calciumsulfat befreiten Citronensäurelösungen werden eingedampft und zur Krystallisation gebracht.

Um den kostspieligen Transport des verhältnismäßig wenig verwendbares Material enthaltenden Citronensaftes zu umgehen, wird meist an Ort und Stelle die Citronensäure in das unlösliche Kalksalz verwandelt. Dieses kommt als trockenes, schwach gefärbtes Pulver in den Handel und enthält etwa 60 % Citronensäure. Früher wurde der hierfür erforderliche Kalk aus England importiert, jetzt wird er aus Venetien bezogen, wo Marmorabfälle gebrannt und dann für diesen Zweck gemahlen werden[1]). Statt des Calciumcarbonats (Kreide) kann man zum Neutralisieren des Citronensaftes auch Baryumcarbonat (Witherit) anwenden. Man bedarf dann zur Zersetzung des Baryumcitrats keiner überschüssigen Schwefelsäure, das Baryumcitrat ist schwerer löslich wie Calciumcitrat wodurch die Ausbeute vergrößert wird, das Baryumsulfat kann leicht verwertet werden, und da dasselbe ganz unlöslich ist, so findet beim Verdampfen der Citronensäurelösung nicht, wie nach Anwendung von Calciumcarbonat, eine Ausscheidung von Calciumsulfat statt. Nach Perret [2]) soll der gegorene Citronensaft mit Magnesia neutralisiert und die Lösung durch Aufkochen gefällt werden.

Bei der Zersetzung des Calciumcitrates ist es unbedingt notwendig, einen kleinen Überschuß an Schwefelsäure in der Flüssigkeit zu haben, da sonst leicht etwas saures Calciumcitrat in die Lösung kommen würde. Dieses hat die Eigenschaft, die Krystallisation der Citronensäure vollkommen zu verhindern. Die Menge der freien Schwefelsäure darf aber andererseits nie zu groß werden, da sie sonst bei der Verdampfung auf die Säure einwirken und diese verkohlen würde. Der Überschuß an Schwefelsäure bleibt nach der Krystallisation der Citronensäure in der Mutterlauge und wird schließlich aus dem Betriebe entfernt.

Die vom Calciumsulfat befreite Citronensäurelösung wird mit soviel Kaliumferrocyanid versetzt, wie erforderlich ist, um vorhandenes Eisen abzuscheiden, dessen Salze die Krystallisation in

[1]) Chem. Ztg. 1907, 734.

[2]) Perret, Bull. soc. chim. Paris 5, 42.

hohem Grade stören würden. Die auskrystallisierte rohe Citronensäure ist mehr oder weniger stark gefärbt, und muß, um gereinigt zu werden, von neuem aufgelöst werden. Um der Säure den Farbstoff soviel wie möglich zu entziehen, filtriert man sie vor der Krystallisation durch vorher mit Salzsäure behandelte Knochenkohle. Die Lösung wird durch diese Behandlung bedeutend heller, es ist aber eine mehrmalige Umkrystallisation erforderlich, um die Säure völlig rein zu erhalten. Über Abscheidung von Citronensäure in wässerigem und trockenem Zustand: Sarandinaki[1]).

Anstatt der Schwefelsäure wird von Buss[2]) für die Darstellung von reinem Calciumcitrat aus Rohcitrat die Anwendung einer 3—6 %igen Salzsäure empfohlen, in welche das Calciumcitrat unter Umrühren eingetragen wird. Zur Vermeidung des Eindampfens wird weiterhin abwechselnd neue Mengen Citrat und 10—15 %ige Salzsäure eingetragen, bis die gewünschte Konzentration erreicht ist. Nach dem Absetzen in Klärbottichen wird die außer geringen Verunreinigungen Citronensäure, Calciumchlorid und etwas freie Salzsäure enthaltende klare Lösung zur Ausfällung des Calciumcitrates in der Siedehitze mit Alkalien, Erdalkalien oder deren Carbonaten neutralisiert. Das Absaugen und Auswaschen des Niederschlages muß möglichst heiß erfolgen, da das Calciumcitrat in kaltem Wasser löslich ist.

Boissière und Faucheux[3]) gewinnen Citronensäure, Weinsäure und deren Salze nach einem patentierten Verfahren aus Weinhefe, Rohweinstein, Calciumtartrat und Citronentartrat. Zur Herstellung einer Lösung von Alkalicitrat und Alkalisulfat aus Citronensaft will Stroschein[4]) in letzteren mittelst eines Injektors flüssige Kohlensäure und Schwefelsäure einblasen und gleichzeitig freies Alkali oder Alkalicarbonat hinzufügen. Das Präparat soll als Heilmittel Verwendung finden. Die gebräuchlichen Methoden zur technischen Gewinnung von Citronensäure und anderen organischen Säuren haben ferner Robine und Lenglen[5]) in ausführlicher Weise beschrieben.

Eine neue Methode zur Abscheidung der Citronensäure aus

---

[1]) Sarandinaki, Ber. deutsch. chem. Ges. 5, 1101.
[2]) Buss, Chem. Ztg. 1910, Rep. 147, D. R. P. 219 002.
[3]) Boissière und Faucheux, Chem. Ztg. 1905, 1056.
[4]) Stroschein, Ztschr. angew. Chem. 1894, 184.
[5]) Robine et Lenglen, Rev. gen. chim. pur et appl. 8, 185.

dem Citronensaft soll Restuccia[1]) in Messina aufgefunden haben. Die Methode soll äußerst einfach sein und ihren Grund in der Wirkung verschiedener Reagenzien haben, welche die anderen im Citronensafte enthaltenen Stoffe daraus entfernen. Die Säure kann somit direkt aus den Laugen auskristallisieren. Das Verfahren dürfte bestimmt sein, die Citronensäureindustrie umzuwälzen und die alte Scheelsche Methode vollständig zu verdrängen, da hier chemische Umsetzung des Produktes und Verdünnung aufgehoben sind. Außerdem soll die Ausbeute eine weit größere sein und bis zu 90 % steigen können. Die Reagenzien sind nicht teuer und kommen in sehr spärlichen Mengen in Anwendung. Zur vollständigen Entfärbung ist eine kleine Menge Knochenkohle hinreichend.

Von anderen Früchten hat man die Johannisbeeren zur Darstellung der Citronensäure angewandt. Die Beeren werden zerquetscht, der Saft ausgepreßt und der Gärung unterworfen. Sobald diese beendigt, destilliert man den gebildeten Alkohol ab, neutralisiert den Rückstand mit Kreide und zersetzt das Calciumcitrat mit Schwefelsäure. 100 kg dieser Frucht liefern außer dem Weingeist etwa 1 kg Citronensäure. Die Verarbeitung der Johannisbeeren auf Citronensäure ist jedoch wohl niemals in größerem Maßstabe ausgeführt worden.

Die Einrichtungen zur Darstellung von Citronensäure sind sehr einfach Es werden Apparate dazu gebraucht, wie sie auch bei anderen chemischen Prozessen verwendet werden: Zersetzungsgefäße, Filterpressen oder Nutschen, Kristallisiergefäße usw. Als Zersetzungs- und Krystallisiergefässe dienen Bottiche aus Holz oder Eisen, die mit Blei ausgeschlagen sind. Anlagen und Apparate zur Darstellung von Citronensäure bauen J. L. C. Eckelt, Berlin N. H. Meyer, Maschinenfabrik, Hannover-Hainholz und Wegelin und Hübner, Halle a. S. Der Durchschnittspreis für chemisch reine bleifreie Citronensäure beträgt 300—320 M. pro 100 kg, und 280—300 M. pro 100 kg für technisch reine Säure.

**Darstellung durch Gärung.** Citronensäure entsteht nach Wehmer[2]) bei der Gärung von Glykose durch die Pilze Citromyces pfefferianus und glaber. Auch die Pilze Penicillium luteum und Mucor piriformis Fisch. erzeugen Citronensäure aus Zucker, wenn auch in wenig erheblichem Betrage. Nach dem

---

[1]) Restuccia, Chem. Ztg. 1905, 236.

[2]) Wehmer, Citronensäuregärung, Hannover 1893, 70.

D. R. P. 72957 von Wehmer[1]) wird eine 3—30 % Rohrzucker, Traubenzucker, Dextrin oder Maltose enthaltende Flüssigkeit nach Zusatz anorganischer Nährsalze mittelst des Citronensäurepilzes in Gärung versetzt. Die organischen Verbindungen werden dabei in 8—14 Tagen bei Zimmertemperatur in Citronensäure umgewandelt. Das Wachstum des Pilzes verläuft im wesentlichen auf der Oberfläche der Flüssigkeit. Die Ansammlung freier Citronensäure kann bis 10 % und darüber betragen[2]).

Die Gegenwart von Citronensäure scheint ohne nachteiligen Einfluß auf den Umwandlungsprozeß der Glukose zu sein, da sich derselbe in einer Glukoselösung, welche 8 % Citronensäure enthielt, noch fortsetzte. Unter günstigsten Bedingungen soll man 50 % der angewandten Glukose in Citronensäure umwandeln können[3]). Nach einem Bericht des amerikanischen Generalkonsuls in Hamburg[4]) soll es gelungen sein, eine Ausbeute von 55 % zu erzielen. Von Wehmer[5]) wurde diese Angabe stark in Zweifel gezogen. Die Gärungsmethoden mit Schimmelpilzen sind noch nicht so weit entwickelt, wie die Hefen- und Bakteriengärungen; die beiden Prozesse sind untereinander nicht vergleichbar.

Der Prozeß der Citronensäuredarstellung durch Gärung beruht im wesentlichen auf dem Versetzen einer Zuckerlösung nicht zu geringer Konzentration mit Schimmelpilzen. Die entstehende freie Säure wird durch Kalk gebunden; das Calciumcitrat scheidet sich in dicken Krusten aus. Die Darstellung der Citronensäure auf diesem Wege nimmt zwar lange Zeit in Anspruch, liefert aber im allgemeinen ein reines Präparat. Um das Verfahren technisch allgemein anwendbar zu machen, muß vor allen Dingen der Prozeß in kürzerer Zeit durchzuführen sein als bisher.

Angaben über Säurebildung durch Hyphenpilze findet man in der Literatur mehrfach. Die Erscheinung ist jedenfalls nicht sehr verbreitet, denn auch die zweite hier in Frage kommende Säure, Oxalsäure, wird frei in nachweisbarer Menge nur bei gewissen Pilzen gefunden[6]), so verbreitet sie auch in Salzform ist, Es wäre zu erwarten, daß die zwei anderen in Säften gewisser

---

[1]) Wehmer, Chem. Ztg. 1894, 415.

[2]) Wehmer, Ber. deutsch. chem. Ges. 26, 696; 27, 448.

[3]) Wehmer, Compt. rend. 1893, 322; Bull. soc. chim. (3) 9, 728.

[4]) Vergl. Chem. Zentralbl. 1910, II, 1748.

[5]) Wehmer, Reprinted from pure Produits 6. 6. 10; Separate v. Vf.

[6]) Botan. Ztg. 1891, 3; Zentralbl. Bakteriol. 1897, II, 102.

Pflanzen, teilweise auch im freien Zustande so häufigen[1]) Weinsäure und Äpfelsäure ebenfalls als Umsatzprodukte von Pilzen frei auftreten können. Naturgemäß sind derartige Säuerungsprozesse oder Säuregärungen von besonderen Bedingungen abhängig. Sie werden also auch bei den bezüglichen Pilzarten nicht immer ohne weiteres in Erscheinung treten, sondern es müssen dafür die richtigen Verhältnisse hergestellt werden. Diese sind sehr wesentlich, indem neben der Säurebildung auch eine Säurezerstörung herläuft, so daß das günstigste Resultat also da erzielt wird, wo nur für den ersteren Prozeß optimale Verhältnisse vorliegen. Dies läßt sich zumal bei der Oxalsäuregärung beispielsweise durch Wechseln der Versuchstemperatur leicht zeigen[2]). In den Einzelheiten entspricht die Citronensäuregärung am meisten wohl der durch Bakterien bewirkten Essigsäuregärung. Wie hier Alkohol, so ist dort ein kohlenhydratartiger Körper das notwendige Material, und beide durch Wärme begünstigten Prozesse resultieren aus einer an die Gegenwart atmosphärischen Sauerstoffs gebundenen Oxydation desselben, die in beiden Fällen bei unveränderter Zahl der Kohlenstoffatome des Moleküls die Aufnahme von Sauerstoff- und die Abnahme von Wasserstoffatomen ergibt, wie das auch ohne weiteres in den Bruttoformeln zum Ausdruck kommt:

$$\underset{\text{Alkohol}}{C_2H_6O} + 2\,O = \underset{\text{Essigsäure}}{C_2H_4O_2} + H_2O$$

$$\underset{\text{Zucker}}{C_6H_{12}O_6} + 3\,O = \underset{\text{Citronensäure}}{C_6H_8O_7} + 2\,H_2O,$$

dagegen:

$$\underset{\text{Zucker}}{C_6H_{12}O_6} + 9\,O = 3\,\underset{\text{Oxalsäure}}{C_2H_2O_4} + 3\,H_2O$$

Allerdings macht die besondere Konstitution der Citronensäure hier den Fall etwas komplizierter, und man hat sie bekanntlich bisher noch nicht durch Oxydation des Zuckers erhalten können. Die physiologischen Vorgänge verlaufen nicht immer so glatt, wie man aus der unschwer chemisch nachzumachenden Essigsäurebildung entnehmen zu können glaubt. Wie diese, so wird man aber auch jene ihrem Wesen nach immerhin als eine Oxydationsgärung auffassen dürfen. Es liegt also kein Grund vor, den Prozeß

[1]) Husemann und Hilger, Pflanzenstoffe, 2. Aufl.
[2]) Wehmer, Chem. Ztg. 1897, 1023.

anders als eine in Berührung mit dem lebenden Plasma innerhalb der Zelle verlaufenden Stoffwechselphase aufzufassen. Die Citronensäurebildung ist eng mit den Lebensvorgängen der genannten Pilze verknüpft.

Die Frage nach Notwendigkeit freien atmosphärischen Sauerstoffs hat Wehmer[1]) zu beantworten versucht. Er bediente sich dazu der Kultur in einer Wasserstoffatmosphäre: In keinem der Kulturgefäße kam es zu einer Deckenbildung, die Flüssigkeiten blieben wasserklar und ohne Vegetation. Nach Durchleiten von Luft begann nach Abbruch des Versuches sogleich Entwickelung dichter Pilzdecken nebst Säuerung. Bei diesen Pilzen hängt also die Lebenstätigkeit überhaupt schon vom Sauerstoffzutritt ab, so daß wir Säuerung und Lebensprozeß nicht trennen können. Die Säurebildung ist ein eng mit den anderen Stoffwechselprozessen verknüpfter Vorgang und tritt wohl in nahe Beziehung zu den im sogenannten Atmungsprozeß sich vollziehenden Umsetzungen.

Um zu entscheiden, ob die von den Pflanzen gebildeten organischen Säuren Produkte der direkten Oxydation oder Verbindungen seien, welche von dem Eiweißmolekül durch einen Entassimilationsprozeß abgespalten werden, haben Mazé und Perrier[2]) die Bildung der Citronensäure durch gewisse Penicilliumarten studiert. Das Gesamtbild der Resultate ließ erkennen, daß die Atmungsverbrennung die lebende Substanz selbst erfaßt, daß es sich hier also um eine indirekte Oxydation handelt. Diese Lokalisierung der Oxydationserscheinungen erklärt die Abwesenheit von Zwischenstufen unter den Verbrennungsprodukten, da sich der Kohlenstoff und Wasserstoff von der lebenden Substanz nur als Kohlendioxyd und Wasser, ausnahmsweise auch in Form von Citronensäure, Oxalsäure usw. abspaltet. Das Studium der Atmungserscheinungen in vitro kann daher kein faßbares Resultat geben; es erfordert wahrscheinlich nicht nur die Gegenwart von Sauerstoff und oxydierenden Stoffen, sondern auch eine Organisation, welche im Zellsaft stets fehlt, wenn dieser von dem lebenden Gewebe getrennt wird.

Aus Versuchen von Mazé und Perrier[3]) geht hervor, daß die Citronensäure, wie aus theoretischen Gründen vorausgesetzt wurde, von den Citromyceten nicht synthetisch, sondern durch

[1]) Wehmer, Chem. Ztg. 1897, 1023.

[2]) Mazé und Perrier, C. r. de l'Acad. des sciences 139, 311.

[3]) Mazé und Perrier, Ann. de l'Institut Pasteur, 1904, 553.

Abbau bereitet wird, und zwar dann, wenn die Nährböden an assimilierbarem Stickstoff erschöpft, aber noch reich an ternären Nährstoffen wie Zucker, Glycerin und Alkohol sind. Als Ergebnis einer proteolytischen Tätigkeit gestattet dieser Abbau, der sich in alten Zellen abspielt, den jungen, ihr Stickstoffbedürfnis auf deren Kosten zu befriedigen. Die Citronensäurebildung verläuft unabhängig von Gegenwart oder Abwesenheit des Sauerstoffs. Indem die Verfasser das Auftreten organischer Säuren allgemein als Symptom der Wachstumshemmung betrachten, bezeichnen sie die Citronensäurebildung als charakteristisches Zeichen des Stickstoffmangels. Die Verfasser verallgemeinern ihre Befunde auf die Bildung der Citronensäure im Pflanzenreiche, indem sie annehmen, daß der pflanzliche Organismus bei Mangel an mineralischer Nahrung, wie dies bei Citromyces der Fall ist, eine organische Säure zu bilden imstande ist.

Buchner und Wüstenfeld[1]) stellten Untersuchungen an über die Auswahl des geeignetsten Pilzmaterials, der günstigsten Nährmittellösungen usw. Bei Gegenwart von Kreide erwies sich der Auszug aus weißen Bohnen als erheblich besser, als stark verdünnte Bierwürze. Um größere Mengen von Citronensäure aus Zucker zu erhalten, ist der Zusatz von Calciumcarbonat unentbehrlich. Die besten Ergebnisse sind in niederen Flüssigkeitsschichten und bei sehr geringer Stickstoffnahrung zu erzielen. Dünne Myceldecken geben bei gleichem Gewicht relativ viel mehr Citronensäure als dicke. Herzog und Polotzky[2]) gelang es nicht, mit Hilfe von vorsichtig getöteten Citronensäurepilzen die Bildung von Citronensäure aus Dextrose nachzuweisen. Zu demselben Resultat sind auch Buchner und Wüstenfeld gelangt. Bei der Einwirkung der getöteten Pilze auf wässerige Glyzerinlösungen haben Herzog und Polotzky die Bildung von Citronensäure beobachtet. Während sich in einem Parallelversuch, bei welchem die getöteten Pilze in Wasser suspendiert waren, eine Abnahme von der aus dem Mycel herausdiffundierten, von der Züchtung stammende Citronensäure zeigte, wuchs die Konzentration der Citronensäure ziemlich erheblich in dem Gefäß, wo Glyzerin zugesetzt worden war.

*Über Citronensäuregärungspilze.* Wehmer[3]) beschrieb im

[1]) Buchner und Wüstenfeld, Biochem. Ztschr. 1909, 395.

[2]) Herzog und Polotzky, Chem. Ztg. 1909, 1232.

[3]) Wehmer, Beiträge zur Kenntnis einheim. Pilze, Hannover 1892, I, 37.

Jahre 1892 zwei Pilze, Citromyces Pfefferianus und Citromyces glaber, welche die Eigenschaft haben, aus Zucker freie Citronensäure zu bilden, und stellte zu gleicher Zeit fest, daß säurebildende Pilze mit Vorliebe auf Substraten auftreten, die schon freie organische Säure enthalten. Man findet sie jedoch keineswegs ausschließlich auf sauren Nährböden, sondern mitunter auch an ganz anderen Stellen. Die Pilze bilden grüne filzige Gewebe und haben das Aussehen von Penicillium, von welchem sie sich ziemlich schwierig unterscheiden lassen. Ihre Sporen sollen sich in reichlicher Menge in der Luft vorfinden. Die Kenntnisse über den Gärungsvorgang sind im Laufe der Jahre wesentlich erweitert, über die Pilze selbst ist dagegen noch wenig bekannt geworden. Durch mikroskopische und kulturelle Untersuchungen derselben hat Wehmer[1]) nunmehr festgestellt, daß es eine Mehrzahl von Citromycesspezies gibt, und zwar können bis jetzt fünf bis sechs Arten mit Sicherheit als verschiedene Spezies betrachtet werden, welche, abgesehen von ihrer Citronensäurebildung, auch sonst noch von Interesse sind. So wird eine von Wehmer als Citromyces Tollensianus benannte Art durch Fehlen von Pigmenten und ihre wochenlang schneeweißen, später nur spärlich ergrünenden Decken charakterisiert. Eine andere Spezies ist durch ihre auffällige Unempfindlichkeit gegen starke Lösungen von Säuren bemerkenswert. Ein anderer Pilz erzeugte in Gärversuchen Oxalsäure statt Citronensäure, erstere Säure soll übrigens auch sonst in alten Gärversuchen durch Weiterverarbeitung des noch in Lösung befindlichen Citrates erscheinen Die mit den neu isolierten Arten vorgenommenen Gärungsversuche werden von Wehmer noch fortgesetzt und das Ergebnis derselben, sowie Diagnosen der Pilze später bekannt gegeben.

Mazé und Perrier[2]) arbeiteten mit vier von sauren Flüssigkeiten gewonnenen Formen eines Citromyces, die sie als verschiedene Spezies benannten, allerdings morphologisch nicht näher charakterisierten: Citromyces citricus, C. oxalicus, C. lacticus, C. tartaricus. Von den beiden Forschern ist nicht gezeigt, daß ihre Spezies von den bereits vorhandenen verschieden sind. Diese vier Formen sind nur nach den Flüssigkeiten, denen das Kulturmaterial entnommen wurde, benannt und unterschieden[3]). Auch Buchner

---

[1]) Wehmer, Chem. Ztg. 1909, 1281.

[2]) Mazé und Perrier, Ann. de l'Institut Pasteur, 1904, 18.

[3]) Wehmer, Lafar, Handb. d. Mykologie 2. Aufl., Bd. IV, 235.

und Wüstenfeld[1]) sehen diese Arten nur als physiologische Varietäten an. Vielleicht sind nicht einmal alle vier Citromycesformen, denn auch säuernde Penicillien treten auf Lösungen organischer Säuren auf. Herzog und Polotzky[2]) isolierten Formen, über die sie genaueres noch nicht angegeben haben. Buchner und Wüstenfeld arbeiteten vorzugsweise mit schon vorhandenen Kulturen.

Ein alkoholfreies Getränk mit bierartigem Aroma wird nach Scholvien[3]) erhalten, wenn man sterile gehopfte oder ungehopfte Würze unter Abschluß der Außenluft in sterilen Gefäßen mit einer Reinkultur der Pilzgattung Citromyces vergären läßt. Da im weiteren Verlauf der Gärung das bierartige Aroma wieder verschwinden und die Bildung eines muffigen Geruches erfolgen würde, so bedarf der Vorgang, bis der Pilz sich genügend entwickelt hat, sorgfältiger Überwachung Durch den Luftabschluß wird Citronensäure in so geringen Mengen gebildet, daß ein Abstumpfen der Säure nicht nötig ist. Durch Filtrieren wird der Pilz entfernt; auch kann das Getränk noch mit Kohlensäure imprägniert werden.

Wie erwartet werden durfte, sind die von Wehmer beschriebenen Pilze Citromyces Pfefferianus und glaber nicht die einzigen, welche Zucker in Citronensäure überführen; das gleiche kommt auch noch anderen zu. Bei der im ganzen seltenen Erscheinung einer Säurebildung durch Hyphenpilze ist diese Tatsache bemerkenswert, zumal die genannte Säure neben der Oxalsäure die einzige ist, deren Erzeugung im freien Zustande bislang sicher bekannt geworden. Zunächst sei als Citronensäurebildner ein den Citromycetes habituell ähnlicher Mycelpilz genannt: Penicillium luteum, den Wehmer[4]) bereits früher morphologisch näher beschrieben hat. Der Nachweis seines Säuerungsvermögens wird durch Kultur auf 10—15 %igen Zuckerlösungen geführt; die freie Säure ist durch Kongopapier, sowie durch den Geschmack alsbald nachweisbar.

Der zweite hierher gehörige Pilz ist Mucor piriformis Fisch.[5]). Sein Säuerungsvermögen ist erheblicher als das des vorhergehen-

---

[1]) Buchner und Wüstenfeld, Biochem. Ztschr. 1909, 395.
[2]) Herzog und Polotzky, Ztschr. physiol. Chem. 1909, 125.
[3]) Scholvien, Chem. Zentralbl. 1905, II, 998. D.R.P. 162 622.
[4]) Wehmer, Deutsche botan. Ges. Ber. 1893, 4, 499.
[5]) Fischer, Kryptogamenflora Deutschlands, Bd. IV.

den. Gegenüber dem oben genannten hat Wehmer[1]) auch in sehr alten Kulturen ein Wiederverschwinden freier Säure nicht feststellen können, vielmehr geben auch solche noch bei Zusatz von Kreide lebhafte Gasentwickelung und besitzen intensiv sauren Geschmack. Der Umfang, in dem dieser Pilz Zucker in Säure umsetzt, ist aber ebenfalls ein bescheidener; es kommt bei weitem nicht zu der habituell dem Bilde einer alkoholischen Gärung ähnlichen Erscheinung, wie sie Citromyces Pfefferianus in Berührung mit kreidehaltiger Zuckerlösung hervorrufen kann.

**Synthese.** Synthetisch entsteht die Citronensäure aus β-Dichloraceton, indem die zunächst durch Einwirkung von Blausäure und Salzsäure gebildete Dichloracetonsäure mittelst Kaliumcyanid in das Dicyanid übergeführt und letzteres dann durch Salzsäure verseift wird:

$$\begin{array}{lclclc} CH_2Cl & & CH_2Cl & & CH_2Cl & \\ \dot{C}O & \rightarrow & \dot{C}(OH)CN & \rightarrow & \dot{C}(OH)CO_2H & \rightarrow \\ \dot{C}H_2Cl & & \dot{C}H_2Cl & & \dot{C}H_2Cl & \\ \text{Dichloraceton} & & & & \text{Dichloracetonsäure} & \end{array}$$

$$\begin{array}{lcl} CH_2CN & & CH_2CO_2H \\ \dot{C}(OH)CO_2H & \rightarrow & \dot{C}(OH)CO_2H \\ \dot{C}H_2CN & & \dot{C}H_2CO_2H \\ & & \text{Citronensäure} \end{array}$$

Ferner entsteht die Citronensäure aus Acetondicarbonatsäureestern $CO(CH_2 . CO_2R)_2$ durch Einwirkung von Blausäure und Salzsäure. Als Zwischenprodukte sind bei dieser Reaktion sym. Citrodimethylesteramid und die sym. Citrodimethylestersäure erhalten worden:

$$\begin{array}{lclclc} CH_2CO_2CH_3 & & CH_2CO_2CH_3 & & CH_2CO_2CH_3 & \\ \dot{C}O & \rightarrow & \dot{C}(OH)CN & \rightarrow & \dot{C}(OH)CONH_2 & \rightarrow \\ \dot{C}H_2CO_2CH_3 & & \dot{C}H_2CO_2CH_3 & & \dot{C}H_2CO_2CH_3 & \\ \text{Acetondicarbonsäuredimethylester} & & & & \text{Citrodimethylesteramid} & \end{array}$$

$$\begin{array}{lcl} CH_2CO_2CH_3 & & CH_2CO_2H \\ \dot{C}(OH)CO_2H & \rightarrow & \dot{C}(OH)CO_2H \\ \dot{C}H_2CO_2CH_3 & & \dot{C}H_2CO_2H \\ \text{Citrodimethylestersäure} & & \text{Citronensäure} \end{array}$$

[1]) Wehmer, Chem. Ztg. 1897, 1022.

Das Nitril $(CH_2 . CN)_2 . C(OH)CO_2H$ entsteht nach Grimmaux und Adam[1]) beim Kochen von s-dichloroxyisobuttersaurem Natrium mit Kaliumcyanid:

$$(CH_2Cl)_2C(OH)CO_2Na + 2\,KCN = (CH_2 . CN)_2C(OH)CO_2Na + 2\,KCl$$

Dieses Nitril wird nach Dünschmann[2]) durch Erhitzen mit Salzsäure in Citronensäure übergeführt. Nach Haller und Heldt[3]) verseift man $\gamma$-Cyanacetessigsäureäthylester $CH_2(CN)CO . CH_2 . CO_2 . C_2H_5$ durch Salzsäure, verbindet das Produkt mit Cyanwasserstoff usw. Nach Hantzsch und Epprecht[4]) ist diese Synthese zu streichen

Der Äthylester der Citronensäure entsteht nach Lawrence[5]) in kleiner Menge auch durch Kondensation von Bromessigester mit Oxalessigester in Gegenwart von Zink, wie es die folgenden Gleichungen anzeigen:

1. $CO_2(C_2H_5)CH_2Br + CO_2(C_2H_5)CH_2 . CO . CO_2C_2H_5 + Zn = CO_2(C_2H_5)CH_2 . C(OZnBr)(CH_2 . CO_2C_2H_5)CO_2C_2H_5$.
2. $CO_2(C_2H_5)CH_2 . C(OZnBr)(CH_2 . CO_2C_2H_5)CO_2C_2H_5 + H_2O = CO_2(C_2H_5)CH_2 . C(OH)(CH_2 . CO_2C_2H_5)CO_2C_2H_5 + ZnO + HBr$.

Um die Bildung von Citronensäuretriäthylester weiter zu bestätigen, wurde er in das Calciumsalz der Citronensäure verwandelt, und es wurde eine Substanz erhalten, welche die charakteristischen Eigenschaften von Calciumcitrat zeigte.

Nach Claisen und Hori[6]) ist die Bildung von Citronensäure bei Vereinigung von 2 Mol. Essigsäure mit 1 Mol. Oxalsäure unter Austritt von 1 Mol. $H_2O$ anzunehmen. Dementsprechend war auch die Bildung von Citronensäure bzw. ihrem Triäthylester bei Kondensation von Äthylbromacetat mit dem Diäthylester der Oxalsäure bei Gegenwart von Magnesium zu erwarten nach dem Schema: $2\,CO_2 . C_2H_5 + 2\,BrCH_2 . CO_2 . C_2H_5 + 2\,Mg = CO_2 . C_2H_5 . C . CH_2 . CO_2 . C_2H_5 . CH_2 . CO_2 . C_2H_5 . OMgBr + BrMg . C_2H_5 . O$. Ein Versuch von Ferrario[7]) entsprach der Annahme.

---

[1]) Grimmaux und Adam, Bull. soc. chim. 36, 21.

[2]) Dünschmann, Ann. Chem. Pharm. 261, 162.

[3]) Haller und Heldt, Ann. chim. phys. (6) 23, 175. Compt. rend. 1890, 682; 1889, 516.

[4]) Hantzsch und Epprecht, Ann. Chem. Pharm. 278, 69.

[5]) Lawrence, Journ. soc. of chem. Ind. 71, 457. Chem. Ztg. 1897, 227.

[6]) Claisen und Hori, Ber. deutsch. chem. Ges. 24, 120.

[7]) Ferrario, Gazz. chim. ital. 38, II, 99.

2 Mol. Äthylbromacetat ergaben in ätherischer Lösung mit 1 Mol. Oxalsäurediäthylester in Gegenwart von 2 Mol. Magnesium die entsprechende Organomagnesiumverbindung, ein schweres gelbes Öl, das drei Stunden erhitzt, mit mit Schwefelsäure angesäuertem Wasser zersetzt und mit Äther extrahiert wurde. Dabei wurde aus der ätherischen Lösung als Rückstand ein Öl der Zusammensetzung $C_{12}H_{20}O_7$ erhalten.

Ein niederes Homologes der Citronensäure hat Durand[1]) dargestellt, indem er die von Haller und Heldt angegebene Methode der Synthese der Citronensäure (Bindung von Blausäure an Acetondicarbonsäureäthylester und Umwandlung des gebildeten Cyanhydrins in Citronensäure durch Kochen mit konzentrierter Salzsäure) auf die Ketonsäuren anwandte. So erhielt er aus der Oxalessigsäure $CH_2 . CO_2H . CO . CO_2H$ zunächst das Cyanhydrin und dann die Säure $CO_2H . C(OH)CO_2H . CH_2 . CO_2H$, also das nächste niedrigere Homologe der Citronensäure in Form eines hellgelben, stark sauren Sirups, dessen Geschmack sehr an den der Citronensäure erinnerte. Durch Anwendung dieses Verfahrens auf die Ketonsäuren können andere Homologe oder Isomere der Citronensäure erhalten werden.

Phipson[2]) will die Beobachtung gemacht haben, daß bei der Einwirkung von Kaliumpermanganatlösung auf eine wässerige, mit wenig Schwefelsäure angesäuerte Rohrzuckerlösung bei gewöhnlicher Temperatur Citronensäure gebildet wird. Bei Anwendung einer größeren Menge Kaliumpermanganat soll gleichzeitig Oxalsäure in beträchtlichen Mengen entstehen. Im Anschluß hieran wies er darauf hin, daß schon Maumené bei der Einwirkung von Permanganat auf Rohrzucker zwei neue Säuren erhalten hat und daß Liebig[3]) früher bei der Einwirkung von verdünnter Salpetersäure auf Zucker Weinsäure gewann. Durch Einwirkung von Kaliumpermanganat auf Rohrzucker erhielt Phipson[4]) später eine der Citronensäure sehr ähnliche Säure, aber nicht in einer hinreichend großen Menge, um sie als solche charakterisieren zu können. Hicks[5]) ist es auf keine Weise gelungen, auf diese Weise aus Rohrzucker Citronensäure zu ge-

---

1) Durand, Chem. Ztg. 1899, 571.
2) Phipson, Chem. News, 1895, 100.
3) Liebig, Ann. Chem. Pharm. 5, 141.
4) Phipson, Chem. News, 1895, 296.
5) Hicks, Chem. News, 1895, 163.

winnen. Nach Zusatz von Calciumchlorid zu der neutralisierten Flüssigkeit erhielt er in allen Fällen Abscheidung von Calciumsulfat, niemals von Calciumcitrat. Die gleichen Beobachtungen machten Searle und Tankard[1]). Diese haben experimentell bewiesen, daß es ein Ding der Unmöglichkeit ist, unter den von Phipson angegebenen Bedingungen aus Rohrzucker Citronensäure zu erhalten.

Phipson[2]) beobachtete, daß die organischen Säuren in den Trauben, Äpfeln usw. in dem Maße abnehmen, wie der Zuckergehalt zunimmt, und zwar von außen nach innen, so daß die verbleibende Säure in konzentriertester Form im Innern um die Samenlage enthalten ist und wahrscheinlich eine antiseptische Wirkung bis zum Beginn der Keimung ausübt. Demnach entstehen in den Früchten Säuren, ehe Zucker gebildet ist, und der Zucker leitet sich wahrscheinlich von den Säuren ab. Umgekehrt führt die Leichtigkeit, mit welcher Zucker in Kohlensäure, Ameisensäure, Oxalsäure und andere umgewandelt werden kann, zu der Annahme, daß alle stickstofffreien Säuren, insbesondere auch Citronensäure, aus Zucker erhältlich sind.

Über Versuche zur Synthese aus Bromäpfelsäure und Natriumessigäther: Franchimont[3]). Über vergebliche Versuche zur Synthese aus Citraconsäure usw.: Barbaglia[4]). Über Synthese aus Äpfelsäure: Kekulé[5]). Über Synthese von Citronensäureäthyläther aus Äpfelsäure und Essigsäure: Andreoni[6]). Über Bildung einer isomeren Citronensäure aus Aconitsäure: Sabanejeff[7]).

# 4. Eigenschaften.

Die Zusammensetzung der krystallisierten Citronensäure oder Oxytricarballylsäure entspricht der Formel $C_6H_8O_7 + H_2O$. Das Krystallwasser entweicht beim Trocknen bei 100° und es bleibt die wasserfreie Säure $C_6H_8O_7$ zurück. Das Molekulargewicht der

[1]) Searle und Tankard, Chem. News, 1895, 235.
[2]) Phipson, Chem. News, 1895, 100.
[3]) Franchimont, Ber. deutsch. chem. Ges. 6, 199, 768.
[4]) Barbaglia, Ber. deutsch. chem. Ges. 7, 466.
[5]) Kekulé, Ber. deutsch. chem. Ges. 13, 1686.
[6]) Andreoni, Ber. deutsch. chem. Ges. 13, 1394.
[7]) Sabanejeff, Ber. deutsch. chem. Ges. 9, 1603.

krystallisierten Citronensäure ist 210,08; 100 Teile enthalten 91,42 $C_6H_8O_7$ und 8,58 $H_2O$. Das Molekulargewicht der wasserfreien Säure ist 192,06; 100 Teile enthalten 37,48 C, 4,21 H, 58,31 O. 100 Teilen wasserfreier Säure entsprechen 109,4 Teile krystallisierte Säure.

Die Citronensäure ist eine dreibasische Alkoholsäure. Ihre rationelle Formel ist

$$C_3H_4(OH)\left\{\begin{array}{l}COOH\\COOH\\COOH\end{array}\right. \quad \text{oder} \quad \begin{array}{l}CH_2\,.\,COOH\\\dot{C}(OH)\,.\,COOH\\\dot{C}H_2\,.\,COOH.\end{array}$$

Sie enthält das dreiwertige Radikal Oxyallyl $C_3H_4(OH)$, verbunden mit drei Carboxylgruppen. Die drei Wasserstoffatome der drei Carboxylgruppen sind mit Leichtigkeit durch Metalle oder durch Alkoholradikale vertretbar, während das Wasserstoffatom der im Radikal enthaltenen Hydroxylgruppe durch Säureradikale ersetzt werden kann.

Die Zusammensetzung der Citronensäure wird am verständlichsten, wenn man auf den dreisäurigen Alkohol, das Glycerin $C_3H_5(OH)_3$ oder

$$\begin{array}{l}CH_2\,.\,OH\\\dot{C}H\;\,.\,OH\\\dot{C}H_2\,.\,OH\end{array}$$

zurückgeht. Werden in diesem die drei Hydroxylgruppen durch ebensoviele Carboxylgruppen ersetzt, so entsteht zunächst die dreibasische Tricarballylsäure $C_3H_5(COOH)_3$ oder

$$\begin{array}{l}CH_2\,.\,COOH\\\dot{C}H\;\,.\,COOH\\\dot{C}H_2\,.\,COOH.\end{array}$$

Wird in dieser das Wasserstoffatom des Radikals durch ein Hydroxyl vertreten, so haben wir die Citronensäure oder die Oxytricarballylsäure:

| | $C_3H_5(OH)_3$ | $C_3H_5(COOH)_3$ | $C_3H_4(OH)(COOH)_3$ |
|---|---|---|---|
| oder | | | |
| | $CH_2\,.\,OH$ | $CH_2\,.\,COOH$ | $CH_2\,.\,COOH$ |
| | $\dot{C}H\,.\,OH$ | $\dot{C}H\,.\,COOH$ | $\dot{C}(OH)\,.\,COOH$ |
| | $\dot{C}H_2\,.\,OH$ | $\dot{C}H_2\,.\,COOH$ | $\dot{C}H_2\,.\,COOH$ |
| | Glycerin | Tricarballylsäure | Oxytricarballylsäure, Citronensäure |

Von Schiavon[1]) wurde hervorgehoben, daß, wenn man die allgemein angenommene Formel für die Citronensäure als richtig hält, die verschiedene Lage einer der drei Carboxylgruppen im Verhältnis zu den beiden anderen ein verschiedenes Verhalten dieser Gruppe und verschiedene Isomeriefälle für die entsprechenden Salze voraussehen läßt. Aus den Ergebnissen seiner Untersuchungen über die Eigenschaften einiger Derivate der Citronensäure leitet der Verfasser die wahrscheinliche Strukturformel für Monoammonium-, Diammonium-, Dinatriumcitrat und für andere ähnliche Salze der Citronensäure ab.

Die wasserfreie Citronensäure krystallisiert aus kaltem Wasser wasserfrei. Das aus wasserfreier Säure dargestellte Bleisalz liefert, bei der Zersetzung durch Schwefelwasserstoff, nach Buchner[2]) wieder die wasserfreie Säure. Da die einmal entwässerte Citronensäure aus ihren Lösungen stets wasserfrei krystallisiert, wurde von Buchner und Witter[3]) behauptet, daß zwischen den Lösungen der wasserhaltigen und der wasserfreien Säure ein Unterschied bestände. Von Meyer[4]), der die Dichten und elektrischen Leitfähigkeiten verschiedener Lösungen beider Säuren gemessen hat, wurde jedoch gefunden, daß man gleich konzentrierte Lösungen der wasserhaltigen und wasserfreien Citronensäure als durchaus identisch betrachten müsse. Das Auftreten der beiden Modifikationen dürfte nach Meyer folgendermaßen erklärt werden. Beim Eindampfen einer beliebigen Citronensäurelösung wird sich zuerst die labile Form abscheiden, und das scheint bei höheren Temperaturen die wasserhaltige Modifikation zu sein. Eine Bestimmung der unbeständigeren Form durch Löslichkeitsversuche gelang infolge der außerordentlich großen Löslichkeit nicht. Durch Impfen mit einer Spur der wasserhaltigen Säure wird man demnach stets aus einer derartigen Lösung wiederum wasserhaltige Citronensäure gewinnen. Daß die wasserfreie Form meistens wieder wasserfrei aus ihren Lösungen krystallisiert, wird auf die Schwierigkeit zurückgeführt, beim Eindampfen dieser Lösung die Bildung jeder Spur dieser Form am Rande durch Überhitzung usw. zu vermeiden, so daß also eine unbeabsichtigte Impfung vor sich geht.

---

[1]) Schiavon, Chem. Ztg. 1901, 266.
[2]) Buchner, Jahresber. d. Chem. 1851, 376.
[3]) Buchner und Witter, Ber. deutsch. chem. Ges. 1892, 1159.
[4]) Meyer, Ber. deutsch. chem. Ges. 36, 3599.

Nach Ostwald[1]) ist die Isomalsäure Kämmerers[2]), deren Silbersalz sich aus dem Silberbade einer photographischen Anstalt abgeschieden hatte, nichts anderes als Citronensäure. Untersuchungen von Buchner und Witter[3]) machen es sehr wahrscheinlich, daß die Isomalsäure wasserfreie Citronensäure ist, die der krystallwasserhaltigen Citronensäure keineswegs so nahe stehen soll, als man erwarten sollte. Bei der Darstellung von Aconitsäure aus Citronensäure nach Hentschels[4]) Methodeisolierten Buchner und Witter aus den schwefelsauren Mutterlaugen neben Aconitsäure eine nach mehrmaligem Umkrystallisieren aus Wasser bei 153° schmelzende Säure, welche wasserfreie Citronensäure war und auffallenderweise auch beim Umkrystallisieren aus kaltem Wasser immer wieder wasserfrei erhalten wurde. Am besten erhält man diese wasserfreie Säure nach Buchner und Witter durch Eindampfen einer Lösung der wasserhaltigen Säure bis die Temperatur auf 130° gestiegen ist, worauf sich sie beim Erkalten in farblosen Krystallen vom Smp. 153° abscheidet. Die krystallwasserhaltige Säure geht also selbst bei Gegenwart von Wasser bei 130° in die wasserfreie Modifikation über. Wie Buchner und Witter zeigten, existieren auch die den beiden Modifikationen der Citronensäure entsprechenden Bleisalze,

Die Citronensäure hat einen höchst sauren, aber reinen angenehmen Geschmack. An feuchter Luft ist die Säure zerfließlich. Sie ist leicht löslich in Wasser und Weingeist, wenig löslich in Äther. 1 Teil Citronensäure löst sich bei 15° in 0,75, bei 100° in 0,5 Teilen Wasser. 100 Teile Wasser von 15° lösen 133, von 100° lösen 200 Teile Citronensäure. Löslichkeitstabellen sind bearbeitet worden von Gerlach[5]) und von Schiff[6]). Nach Schiff lösen 100 Teile 80 % igen Weingeist bei 15° 87 Teile, 100 Teile 90 % igen Weingeist bei 15° 52,85 Teile, 100 Teile 100 % igen Weingeist bei 15° 75,90 Teile der krystallisierten Säure. Nach Bourgoin[7]) lösen

[1]) Ostwald, Ber. deutsch. chem. Ges. 21, 3534. Ztschr. phys. Chem. 1, 108.

[2]) Kämmerer, Ztschr. analyt. Chem. 8, 298.

[3]) Buchner und Witter, Ber. deutsch. chem. Ges. 1892. 1159.

[4]) Hentschel, Ann. Chem. Pharm. 314, 15. Journ. prakt. Chem. (2) 49, 20.

[5]) Gerlach, Jahresber. d. Chem. 1859, 44. Ztschr. analyt. Chem. 26, 467.

[6]) Schiff, Ann. Chem. Pharm. 113, 190; 125, 147.

[7]) Bourgoin, Bull. soc. chim. 29, 244.

100 Teile Äther 2,26 Teile der wasserfreien Säure. Nach Lippmann[1]) lösen 100 Teile wasserfreien Äther 9,1 Teile der krystallisierten Säure.

### Dichte und Prozentgehalt wässeriger Citronensäurelösungen.

| Nach Gerlach | | Nach Schiff | |
|---|---|---|---|
| Prozentgehalt | Dichte bei 15° | Prozentgehalt | Dichte bei 15° |
| 10 | 1,0392 | 4 | 1,0150 |
| 20 | 1,0805 | 8 | 1,0306 |
| 30 | 1,1244 | 12 | 1,0470 |
| 40 | 1,1709 | 16 | 1,0634 |
| 50 | 1,2204 | 24 | 1,0979 |
| 60 | 1,2738 | 36 | 1,1540 |

### Dichte von Citronensäurelösungen.
### Nach Gerlach.

| Dichte 15° | % $C_6H_8O_7 . H_2O$ | Dichte 15° | % $C_6H_8O_7 . H_2O$ | Dichte 15° | % $C_6H_8O_7 . H_2O$ |
|---|---|---|---|---|---|
| 1,0037 | 1 | 1,0931 | 23 | 1,1948 | 45 |
| 1,0074 | 2 | 1,0972 | 24 | 1,1998 | 46 |
| 1,0111 | 3 | 1,1016 | 25 | 1,2051 | 47 |
| 1,0149 | 4 | 1,1060 | 26 | 1,2103 | 48 |
| 1,0188 | 5 | 1,1106 | 27 | 1,2153 | 49 |
| 1,0227 | 6 | 1,1152 | 28 | 1,2204 | 50 |
| 1,0268 | 7 | 1,1198 | 29 | 1,2256 | 51 |
| 1,0309 | 8 | 1,1244 | 30 | 1,2307 | 52 |
| 1,0350 | 9 | 1,1288 | 31 | 1,2358 | 53 |
| 1,0392 | 10 | 1,1333 | 32 | 1,2410 | 54 |
| 1,0431 | 11 | 1,1378 | 33 | 1,2462 | 55 |
| 1,0470 | 12 | 1,1422 | 34 | 1,2514 | 56 |
| 1,0509 | 13 | 1,1438 | 35 | 1,2575 | 57 |
| 1,0549 | 14 | 1,1515 | 36 | 1,2627 | 58 |
| 1,0591 | 15 | 1,1563 | 37 | 1,2683 | 59 |
| 1,0632 | 16 | 1,1612 | 38 | 1,2738 | 60 |
| 1,0675 | 17 | 1,1661 | 39 | 1,2794 | 61 |
| 1,0718 | 18 | 1,1709 | 40 | 1,2849 | 62 |
| 1,0761 | 19 | 1,1761 | 41 | 1,2904 | 63 |
| 1,0805 | 20 | 1,1814 | 42 | 1,2960 | 64 |
| 1,0847 | 21 | 1,1856 | 43 | 1,3015 | 65 |
| 1,0889 | 22 | 1,1899 | 44 | 1,3071 | 66 |

[1]) Lippmann, Ber. deutsch. chem. Ges. 12. 649, 1650.

Die Citronensäure bildet große farblose Krystalle, nach Heusser[1]) und nach Cloëz[2]) von rhombischen Prismen. Dichte nach Schiff[3]) 1,542, nach Buignet[4]) 1,553. Molekularbrechungsvermögen nach Kanonnikow[5]) 67,11. Molekularverbrennungswärme der wasserfreien Säure nach Stohmann[6]) 474,6 Cal., der wasserhaltigen Säure nach Luginin[7]) 472,6 Cal. Krystallisiert gewöhnlich (aus Wasser) mit 1 $H_2O$. Die krystallisierte Säure schmilzt bei 100° unter Wasserverlust. Die bei 130° vom Krystallwasser befreite Säure schmilzt bei 153°. Lösungs- und Neutralisationswärme: Massol[8]), Werner[9]), Berthelot und Louginine[10]), Tomsen[11]). Elektrische Leitfähigkeit: Walden[12]), Walker[13]). Ausdehnung und Siedepunkt der wässerigen Lösungen: Gerlach[14]). Über die Wachstums- und Auflösungsgeschwindigkeit der Krystalle: Andrejew[15]). Lösungen von Citronensäure lenken den polarisierten Lichtstrahl nicht ab: Unterschied von Weinsäure. Molekularrefraktion im festen und gelösten Zustande: Gladtsone und Hilbert[16]). Alkalibindungsvermögen: Degener[17]). Acidität der sauren Salze: Smith[18]). Verhalten im Tierkörper: Sabbatani[19]).

In wässeriger Lösung sich selbst überlassen, zersetzt sich die Säure unter Schimmelbildung, wobei ein Teil derselben in Essigsäure übergeht. Mit Kalkwasser in der Kälte gemischt, bringt

[1]) Heusser, Pogg. Ann. Phys. Chem. 88, 122. Jahresber. d. Chem. 1853, 412.
[2]) Cloëz, Jahresber. d. Chem. 1861, 370.
[3]) Schiff, Ann. Chem. Pharm. 113, 190; 125, 147.
[4]) Buignet, Jahresber. d. Chem. 1861, 15.
[5]) Kanonnikow, Journ. prakt. Chem. (2) 31, 356.
[6]) Stohmann, Journ. prakt. Chem. (2) 40, 352.
[7]) Luginin, Ann. chim. phys. (6) 23, 204; 8, 139.
[8]) Massol, Bull. soc. chim. (3) 7, 387. Ann. chim. phys. (7) 1, 214.
[9]) Werner, Jahresber. d. Chem. 1886, 220.
[10]) Berthelot und Louginine, Ber. deutsch. chem. Ges. 9, 58.
[11]) Thomsen, Ber. deutsch. chem. Ges. 6, 713.
[12]) Walden, Ztschr. phys. Chem. 10, 568; 1, 539.
[13]) Walker, Journ. chem. soc. 61, 708.
[14]) Gerlach, Jahresber. d. Chem. 1859, 44. Zeitschr. analyt. Chem. 26, 467.
[15]) Andrejew, Journ. russ. phys. chem. Ges. 40, 397.
[16]) Gladstone und Hilbert, Journ. of the chem. Soc. 71, 824.
[17]) Degener, Chem. Zentralbl. 1897, II, 936.
[18]) Smith, Ztschr. phys. Chem. 25, 193.
[19]) Sabbatani, Chem. Zentralbl. 1899, II, 23.

sie keinen Niederschlag von Calciumcitrat hervor, dieser entsteht aber sogleich beim Kochen der Flüssigkeit. Saures Kaliumcitrat ist in Wasser leicht löslich, während saures Kaliumtartrat unlöslich ist. Charakteristisch für die Citronensäure ist auch das Baryumsalz. Die Verbindungen mancher Metalloxyde mit der Citronensäure zeigen ein von den gewöhnlichen Salzen abweichendes Verhalten. Ferricitrat wird beispielsweise von Kaliumhydroxyd nicht gefällt. Citronensäure (wie auch Weinsäure und Äpfelsäure) verhindern die Fällung des Eisenchlorids durch Alkalien. Citronensaure Salze lösen manche unlösliche Salze, so ist Calciumphosphat $CaHPO_4$ in Ammoniumcitrat leicht löslich.

Nach Zelikow[1]) besitzt die Citronensäure die Eigenschaft, Menthol und Caprylalkohol in Äthylenkohlenwasserstoff überzuführen. Die Dehydratation des Menthols wurde durch Erhitzen eines Gemisches von Menthol und Citronensäure ausgeführt, der abdestillierte Kohlenwasserstoff für sich mit Wasserdampf über Soda destilliert und schließlich über Natrium fraktioniert. Citronensäure dehydratiert bei 160—180°. Wässerige Citronensäure löst nach Werner[2]) 25 % der theoretisch möglichen Menge Chromhydroxyd auf, unter Bildung einer chromorganischen Säure, die weder die gewöhnlichen Citronensäurereaktionen zeigt, noch bei Zusatz von überschüssigem Alkohol Chromhydroxyd ausscheidet. Nach umfangreichen Versuchen von Quartaroli üben Citronensäure und andere Pflanzensäuren eine doppelte Wirkung auf Phosphate aus, indem sie einmal die unlöslichen Phosphate löslich machen, und andererseits die löslichen Phosphate in Monometallphosphate $RH_2PO_4$ verwandeln, in denen die Phosphorsäure fast vollständig in der aktiven Form als Anion $H_2PO_4$ anzunehmen ist. Raffinose wird nach Pieraerts[3]) durch Citronensäure vollständig in Fruktose und Meliobiose gespalten. Die hydrolytische Wirkung der Citronensäure wächst proportional der Konzentration der Säure und der Dauer der Einwirkung. Nach Charters[4]) ist Citronensäure in verdünnten Lösungen für Aluminiumgleichtrichter besser geeignet wie Schwefelsäure. Für die Technik ist die Citronensäure ihres geringen Leitungsvermögens wegen jedoch ungeeignet.

---

[1]) Zelikow, Ber. deutsch chem. Ges. 37, 1374.
[2]) Werner, Proceedings chem. soc. 20, 186.
[3]) Pieraerts, Bull. de l'Assoc. des Chim. de Sucr. et Dist. 23, 1143.
[4]) Charters, Journ. physical. Chem. 9, 110.

Langkopf[1]) zeigte, daß Gegenwart von Citronensäure die Eisenchloridreaktion auf Salicylsäure verhindert, und darum reiner Äther, welcher auch Citronensäure aufnimmt, zum Ausschütteln der Salicylsäure behufs weiteren Nachweises derselben durch Eisenchlorid unstatthaft sei. Beim Ausschütteln mit einem Gemisch gleicher Teile Äther und Petroleumäther konnte der Nachweis in genannter Richtung aber gut geführt werden. Auch Citrate verhindern die Salicylsäurereaktion mittelst Eisenchlorid. Ebenso brachte Eisencitrat in einer Salicylsäurelösung keine Violettfärbung hervor, während sich Ferrisulfat und Ferrisubacetat dem Eisenchlorid völlig gleich verhielten. Klett[2]) machte darauf aufmerksam, daß die von Jorissen[3]) vorgeschlagene Reaktion für den Nachweis von Salicylsäure im Bier neben Maltol auch bei Gegenwart von Citronensäure sehr schön gelingt. 10 ccm der zu untersuchenden Lösung werden mit 4 Tropfen einer 10 %-igen Natriumnitritlösung, 4 Tropfen Essigsäure, sowie 1 Tropfen 10 % iger Kupfersulfatlösung versetzt; beim Kochen des Gemisches entsteht bei Gegenwart von Salicylsäure eine blutrote Färbung.

Die invertierende Kraft von Citronensäure, Weinsäure und Oxalsäure gegenüber Saccharose untersuchte Gillot[4]). Es zeigte sich, daß bei jeder der drei Säuren die Temperatur und die Dauer der Einwirkung von besonderer Wichtigkeit für ihre zerstörende Wirkung auf Saccharose sind, und daß die Menge des invertierten Zuckers proportional ist der Dauer der Einwirkung.

Über Einwirkung auf $\alpha$-Naphthylamin: Böttinger[5]). — Über Beziehungen zur Desoxalsäure: Brunner[6]). — Über Gärung: Watts[7]). — Über Adsorption durch Kohle: Freundlich[8]). — Über Einwirkung auf Mineralien: Bolton[9]). — Konstanten der Citronensäure und ihrer Derivate: Henry[10]). — Untersuchungen über die Unempfindlichkeit höherer Pflanzen gegen ihre eigenen

[1]) Langkopf, Pharm. Zentralh. 23, 335.
[2]) Klett, Pharm. Zentralh. 23, 452.
[3]) Jorissen, Ztschr. analyt. Chem. 42, 458.
[4]) Gillot, Bull. Assoc. belge des Chim. 1899, 80.
[5]) Böttinger, Ber. deutsch. chem. Ges. 27, 514; 29, 185.
[6]) Brunner, Ber. deutsch. chem. Ges. 3, 976.
[7]) Watts, Journ. soc. chem. Ind. 1886, 214.
[8]) Freundlich, Ztschr. phys. Chem. 57, 385.
[9]) Bolton, Ber. deutsch. chem. Ges. 13, 726.
[10]) Henry, Ber. deutsch. chem. Ges. 8, 548.

Gifte: Stracke[1]. — Über Verhalten von Ammoniumcitrat gegen Phosphate: Grupe und Tollens[2]. — Verhalten von Citratlösungen zu Winklerschem Salz: Erlenmeyer[3]. — Über Leitfähigkeit und Dissociation: White und Jones[4].

**Umwandlungen.** Bei vorsichtigem Erhitzen zersetzt sich die Citronensäure bei 175° unter Austritt von Wasser und Bildung von Aconitsäure. Bei raschem Erhitzen auf höhere Temperatur zerfällt die Aconitsäure weiter in Wasser und ihr Anhydrid, das sich nach Anschütz[5] in Kohlendioxyd und Itaconsäureanhydrid und dieses teilweise in Citraconsäureanhydrid verwandelt:

$$\begin{array}{ccccccc} CH_2 . COOH & & CH . COOH & & CH . COOH & & \\ \dot{C}(OH) . COOH & \rightarrow & \ddot{C} . COOH & \rightarrow & \ddot{C}\text{——}CO & & \rightarrow \\ \dot{C}H_2 . COOH & & \dot{C}H_2 . COOH & & \dot{C}H_2 . CO & {>}O & \\ \text{Citronensäure} & & \text{Aconitsäure} & & \text{Aconitsäureanhydrid} & & \end{array}$$

$$\begin{array}{ccccc} CH_2 & & & CH_3 & \\ \ddot{C}\text{——}CO & & \rightarrow & \dot{C}\text{—}CO & \\ \dot{C}H_2 . CO & {>}O & & \ddot{C}HCO & {>}O \\ \text{Itaconsäureanhydrid} & & & \text{Citraconsäureanhydrid} & \end{array}$$

Ein anderer Teil der Citronensäure verliert beim Erhitzen Wasser und Kohlenoxyd, um in Acetondicarbonsäure überzugehen, die sich sofort in zwei Kohlendioxyd, und Aceton spaltet:

$$\begin{array}{ccccc} CH_2 . COOH & & CH_2 . COOH & & CH_3 \\ \dot{C}(OH) . COOH & \rightarrow & \dot{C}O & \rightarrow & \dot{C}O \\ \dot{C}H_2 . COOH & & \dot{C}H_2 . COOH & & \dot{C}H_3 \\ \text{Citronensäure} & & \text{Acetondicarbonsäure} & & \text{Aceton} \end{array}$$

Bei mehrtägigem Kochen mit Salzsäure geht die Citronensäure nach Dessaignes[6] teilweise in Aconitsäure über. Beim Erhitzen mit drei bis vier Raumteilen konzentrierter Salzsäure im Rohr auf

---

1) Stracke, Chem. Zentralbl. 1905, II, 1034.

2) Grupe und Tollens, Ber. deutsch. chem. Ges. 13, 1267.

3) Erlenmeyer, Ber. deutsch. chem. Ges. 14, 1869.

4) White und Jones, Chem. Zentralbl. 1910, II, 1450.

5) Anschütz, Ber. deutsch. chem. Ges. 13, 1541; 20, 254.

6) Dessaignes, Jahresber. d. Chem. 1856, 463. Ann. Chem. Pharm. 89, 120.

140—150° entsteht nach Hergt[1]) Aconitsäure; bei 190—200° entsteht Dikonsäure $C_9H_{10}O_6$, neben einem Gasgemisch aus einem Raumteil Kohlenoxyd und zwei Raumteilen Kohlendioxyd bestehend. Beim Kochen von Citronensäure mit Bromwasserstoffsäure wird nach Mercadante[2]) Aconitsäure gebildet. Beim Erhitzen mit Jodwasserstoffsäure werden nach Kämmerer[3]) Kohlendioxyd, Aconitsäure und Citraconsäure erzeugt.

Erwärmt man ein Teil getrocknete Citronensäure mit zwei Teilen konzentrierter Schwefelsäure im Wasserbade, so erfolgt zunächst Spaltung in Ameisensäure und Acetondicarbonsäure $C_5H_6O_5$, dann entweicht ein Gasgemenge, aus fünf Raumteilen Kohlendioxyd und drei Raumteilen Kohlenoxyd bestehend, es tritt wenig Aceton auf, und in Lösung geht eine Säure $C_5H_8SO_5$. Neutralisiert man die saure Flüssigkeit mit Bleicarbonat, entfernt das gelöste Blei durch Schwefelwasserstoff, und stellt aus der freien Säure ein saures Baryumsalz dar, so erhält man Krystalle $Ba(C_5H_7SO_5)_2$ bei 60—70°. Dieses Salz reagiert sauer, löst sich sehr leicht in Wasser, weniger in Weingeist. Auf 100° erhitzt, färbt es sich dunkler. Mit Barytwasser gekocht, scheidet es Baryumcarbonat ab, und aus der Lösung läßt sich ein in feinen Nadeln krystallisierendes Baryumsalz $Ba(C_3H_5SO_4)_2$ gewinnen. Beim Erhitzen mit Wasser und Schwefelsäure auf 160° zerfällt die Citronensäure nach Markownikow[4]) in Kohlendioxyd, Wasser und Itaconsäure. Erhitzt man 20 Teile Citronensäure mit 20 Teilen Wasser und 1 Teil konzentrierter Schwefelsäure auf 170°, so entstehen nach Pawollek[5]) Aconitsäure und Itaconsäure. Ein Gemenge von Braunstein und Schwefelsäure oxydiert nach Péan[6]) die Citronensäure zu Kohlendioxyd und Aceton. Beim Behandeln eines Gemenges von Citronensäure und Resorcin mit rauchender Schwefelsäure entsteht das Anhydrid der Methylumbellsäure $C_{10}H_{10}O_4$.

Beim Erhitzen von Citronensäure mit sirupdicker Phosphor-

---

[1]) Hergt, Journ. prakt. Chem. (2) 8, 373.

[2]) Mercadante, Journ. prakt. Chem. (2) 3, 356.

[3]) Kämmerer, Ann. Chem. Pharm. 139, 269; 148, 294; 170, 176, 189; 178, 309.

[4]) Markownikow, Ztschr. f. Chem. 1867, 265.

[5]) Pawolleck, Ann. Chem. Pharm. 178, 152, 155.

[6]) Péan, Jahresber. d. Chem. 1858, 585.

säure entweicht nach Vangel[1]) ein Gasgemenge, bestehend aus ein Raumteil Kohlenoxyd und zwei Raumteilen Kohlendioxyd. Von konzentrierter Salpetersäure wird Citronensäure zu Oxalsäure oxydiert. Mit Salpeterschwefelsäure entsteht Nitrocitronensäure. Jegorow[2]) fand, daß Citronensäure selbst beim Einwirken eines großen Überschusses an roter Salpetersäure unoxydiert bleibt, daß aber schon ein Zusatz einer unbedeutenden Menge von Manganochlorid genügt, um das Eintreten einer gleichmäßig verlaufenden und energischen Oxydation zu bewirken. Angesäuerte Kaliumpermanganatlösung oxydiert nach Péan[3]) die Citronensäure zu Kohlendioxyd und Aceton. Neutrale Kaliumpermanganatlösung gibt nach Phipson[4]) beim Kochen kein Aceton, aber Oxalsäure, nach Fleischer[5]) auch andere Stoffe.

Beim Schmelzen von Citronensäure mit Kaliumhydroxyd werden nach Liebig[6]) auf ein Mol. Oxalsäure zwei Mol. Essigsäure gebildet. Aus Phosphorpentachlorid und Citronensäure entsteht zunächst das Chlorid $C_6H_8O_6Cl_2$. Ein von Skinner und Ruhemann[7]) bei der Einwirkung von Phosphorchlorid auf Citronensäure erhaltenes Produkt ist ein Monochlorid, welches durch Substitution des alkoholischen Hydroxyls und des Hydroxyls einer Carboxylgruppe entstand. Durch Wasser wird das Chlorid in Citronensäure zurückverwandelt. Klimenko und Buchstab[8]) erhielten bei der Einwirkung von Phosphorchlorid auf Citronensäure Chloride, die mit Alkohol die entsprechenden Ester geben. Sie erhielten auf diese Weise Citronensäuretriäthylester. Citronensäure und Benzaldehyd kondensieren sich nach Ekensteiner und Blanksma[9]) unter dem Einfluß von Phosphorpentachlorid zu einem bei 178° schmelzenden Stoffe. Bei der Destillation von Citronensäure mit Phosphortrisulfid entweicht Thiophten $C_6H_4S_2$. Beim Stehen an der Sonne einer mit 1 % Uranoxyd

---

[1]) Vangel, Ber. deutsch. chem. Ges. 13, 357.

[2]) Jegorow, Chem. Ztg. 1898, 1013.

[3]) Péan, Jahresber. d. Chem. 1858, 585.

[4]) Phipson, Chem. News, 1895, 100.

[5]) Fleischer, Ber. deutsch. chem. Ges. 5, 353.

[6]) Liebig, Ann. Chem. Pharm. 5, 141.

[7]) Skinner und Ruhemann, Chem. Ztg. 1889, 495. Journ. chem. soc. 55, 236, 237.

[8]) Klimenko und Buchstab, Journ. russ. phys. chem. Ges. 1890, 96. Chem. Ztg. 1890, 145.

[9]) Ekensteiner und Blanksma, Rec. trav. chim. Pay-Bas 25, 162.

versetzten 5 % igen wässerigen Citronensäurelösung entsteht nach Seekamp[1]) bald Aceton. Neuberg[2]) fand bei Photokatalyse durch Eisensalze eine Substanz, die Fehlingsche Lösung intensiv reduzierte. Natrium ist nach Claus[3]) auf eine alkoholische Lösung von Citronensäure ohne Wirkung. Chlor in eine wässerige Citronensäurelösung geleitet, erzeugt an der Sonne Perchloraceton $C_3Cl_6O$. Brom wirkt nach Cloëz[4]) selbst in direktem Sonnenlichte und bei 100° nicht auf Citronensäure ein.

Wird Citronensäure auf dem Wasserbade mit Phenylhydrazin während drei Stunden erwärmt, so bilden sich nach Manuelli und Righi[5]) Kondensationsprodukte unter Abscheidung von Wasser. Den allgemeinen Namen Phenylhydrazid für dieses Produkt beibehaltend, bezeichnen sie dasselbe als Citronensäurephenylhydrazid, das weiße, in Essigsäure und Essigäther leicht lösliche Krystalle bildet. Beim Erhitzen einer Lösung von Citronensäure, Pikrinsäure und Formaldehyd in Methylalkohol erhielt Orlow[6]) nach dem Verjagen des Methylalkohols und Umkrystallisieren aus Wasser Krystalle der einbasischen Säure $C_7H_8O_7 . 2\,H_2O$. Bei der Destillation von Citronensäure mit Glycerin erhielten Clermont und Chautard[7]) eine zwischen 220—275° siedende Fraktion, aus der sich bei mehrtägigem Stehen in der Luftleere und dann folgendem Abkühlen auf —15° ein fester Stoff ausschied, der sich als identisch erwies mit Brenztraubensäureglycidäther oder Pyruvin. Hofmann und Behrmann[8]) verwandelten Citramid durch Erhitzen mit Schwefelsäure in Citrazinsäure, eine Dihydroxypyridincarbonsäure. Ruhemann[9]) fand, daß die Pyridinderivatbildung auch bei gewöhnlicher Temperatur erfolgt, wenn Äthylacetocitrat in Mischung mit starkem wässerigem Ammoniak einige Tage steht. Verdünnte Salzsäure fällt dann Citrazinamid.

---

[1]) Seekamp, Ann. Chem. Pharm. 278, 374.
[2]) Neuberg, Biochem. Ztschr. 1908, 308; 1910, 283.
[3]) Claus, Ber. deutsch. chem. Ges. 8, 155, 863, 867.
[4]) Cloëz, Bull. soc. chim. 36, 648.
[5]) Manuelli und Righi, Gazz. chim. ital. 1899, II, 148.
[6]) Orlow, Journ. russ. phys. chem. Ges. 38, 1211.
[7]) Clermont und Chautard, Compt. rend. 1887, 520.
[8]) Hofmann und Behrmann, Chem. Ztg. 1885, 29.
[9]) Ruhemann, Chem. Ztg. 1887, 380. Ber. chem. Ges. 20, 802.

Nach einem Verfahren der Farbenfabriken Bayer[1]) entsteht aus Citronensäure und 1,8-Naphthylendiamin ein Kondensationsprodukt vom Smp. 187—189⁰, das aus verdünntem Alkohol in tiefroten Nadeln krystallisiert, mit Schwefelsäure eine grüne Lösung gibt und als Ausgangsmaterial für die Darstellung von Farbstoffen dienen soll.

Nach Seifert[2]) ist die Vergärung der Citronensäure die Ursache einer Erkrankung des Johannisbeerweins. Diese wird durch Bakterien verursacht, welche die Citronensäure zersetzen, dabei eine Säureverminderung verursachen und Essigsäure bilden.

Béchamp[3]) hat die Veränderungen untersucht, welche die Citronensäure durch die Gegenwart von Fleisch in geringen Mengen und von Kreide im Überschuß erleidet. Hierbei wird Essigsäure in einer Ausbeute von ungefähr 52 % der berechneten Menge gebildet, entsprechend folgender Gleichung:

$$3\,C_6H_8O_7 + 5\,H_2O = 5\,C_2H_4O_2 + 8\,CO_2 + 14\,H.$$

Die Zersetzung der Citronensäure durch Mikroorganismen ist demnach eine tiefergreifende, als diejenige durch schmelzendes Kali.

Natriumcitrat liefert, bei der Destillation mit Kalk, Propionaldehyd. Bei der Destillation von Natriumcitrat mit zwei Teilen Kalk wird nach Freydl[4]) Aceton gebildet. Bei der Gärung von Natriumcitrat mit faulem Fleisch werden nach Phipson[5]) Kohlendioxyd und Buttersäure gebildet. Nach How[6]) treten bei der Gärung von Calciumcitrat mit faulem Käse Kohlendioxyd, Wasserstoff und Essigsäure auf. Bei der Gärung von Alkalicitraten mit Mandelkleienauszug erhält man nach Buchner[7]) Kohlendioxyd und Essigäsure. Calciumcitrat in Verbindung mit Bierhefe erzeugt nach Personne[8]) Kohlendioxyd, Wasserstoff und Essigsäure. Calciumcitrat mit Heuwaschwasser und Calciumcarbonat in Berührung liefert nach Fitz[9]) Weingeist, viel reine Essigsäure und wenig Bernsteinsäure. Läßt man Chlor auf eine konzentrierte

[1]) Farbenfabriken Bayer, Chem. Zentralbl. 1908, II, 1396; D.R.P. 202 354.

[2]) Seifert, Z. österr. landw. Vers.-Wes. 6, 738.

[3]) Béchamps, Chem. Ztg. 1894, 709.

[4]) Freydl, Monatshefte f. Chem. 4, 151.

[5]) Phipson, Chem. News, 1895, 100.

[6]) How, Jahresber. d. Chem. 1852, 469.

[7]) Buchner, Ber. d. chem. Ges. 25, 1160.

[8]) Personne, Jahresber. d. Chem. 1853, 414

[9]) Fitz, Ber. deutsch. chem. Ges. 11, 1896.

Natriumcitratlösung einwirken, so entstehen Perchloraceton, Chloroform und Kohlendioxyd. Brom in eine Kaliumcitratlösung eingetragen, liefert Perbromaceton.

Über Einwirkung von Salzsäure und Bildung eines Anhydrides: Franchimont[1]). — Über Nichtbildung von Hydrocitronensäure: Claus und Rönnefahrt[2]). — Überführung in eine gerbsäureartige Verbindung: Schiff[3]). — Über Einwirkung von Kaliumwolframat: Lefort[4]). — Über Einwirkung von $CH_4O$ und HCl: Kreitmayer und Kämmerer[5]). — Über Xeronsäure als Zersetzungsprodukt: Fittig und Paul[6]). — Über Einwirkung von Äthyljodid und Phosphorchloride: Conen[7]). — Über Zersetzung unter Einfluß des Sonnenlichtes: Vries[8]). — Überführung in Acetondicarbonsäure: Farbwerke Höchst[9]). — Überführung der Citronensäureäther in Citrotrimethylamid, Citrodinaphthylamid und basisch citronensaures Naphthylamin: Hecht[10]). — Überführung in Propylaldehyd, Triallylfurfuran durch Destillation des Natriumsalzes mit Kalk: Bischoff und Hausdörfer[11]). — Überführung in Citracumalsäure: Nieme[12]). — Überführung in Acetondicarbonsäureester: Peratoner und Strazzeri[13]). — Überführung in Citrazinamid durch Harnstoff: Sell und Easterfield[14]). — Überführung in Benzylcitramid durch Benzylamin: Giustiniani[15]). — Über Nitrierung: Champion und Pellet[16]). — Über Einwirkung von Pseudocumidin, Benzidin, Toluylendiamin und Cyanurchlorid: Schneider[17]). — Über Einwirkung von Acetylchlorid, Dianilid und Ditoluidid: Klingemann[18]).

---

1) Franchimont, Ber. deutsch. chem. Ges. 7, 216.
2) Claus und Rönnefahrt, Ber. deutsch. chem. Ges. 8, 155.
3) Schiff, Ber. chem. Ges. 5, 642, 731.
4) Lefort, Ber. deutsch. chem. Ges. 9, 958.
5) Kreitmayer und Kämmerer, Ber. deutsch. chem. Ges. 8, 737.
6) Fittig und Paul, Ber. deutsch. chem. Ges. 9, 117, 1189.
7) Conen, Ber. deutsch. chem. Ges. 12, 1654.
8) Vries, Ber. deutsch. chem. Ges. 18, 50; 28, 2612.
9) Farbwerke Höchst, Ber. deutsch. chem. Ges. 18, 469.
10) Hecht, Ber. deutsch. chem. Ges. 19, 2614.
11) Bischoff und Hausdörfer, Ber. deutsch. chem. Ges. 23, 1915.
12) Nieme, Ber. deutsch. chem. Ges. 24, 123.
13) Peratoner und Strazzeri, Ber. deutsch. chem. Ges. 24, 573.
14) Sell und Easterfield, Ber. deutsch. chem. Ges. 26, 804.
15) Giustiniani, Ber. deutsch. chem. Ges. 27, 398.
16) Champion und Pellet, Bull. soc. chim. 24, 448.
17) Schneider, Ber. deutsch. chem. Ges. 21, 660.
18) Klingemann, Ber. deutsch chem. Ges. 22, 984.

# 5. Analyse.

**Nachweis.** Kalkwasser bringt bekanntlich in wässerigen Citronensäurelösungen erst beim Kochen einen Niederschlag hervor. Das Calciumcitrat ist unlöslich in Alkali, aber löslich in Ammoniumchlorid. Erhitzt man die Lösung in Ammoniumchlorid zum Kochen, so fällt das Calciumcitrat aus und ist dann unlöslich in Ammoniumchlorid. Das Calciumcitrat ist auch in Ammoniak löslich, wird aber beim Kochen gefällt und löst sich dann nicht wieder in Ammoniumchlorid. Auch fällt Weingeist das Calciumcitrat bei Gegenwart von Ammoniumchlorid und Ammoniak vollständig aus. Bleiacetat gibt mit Citronensäure einen weißen Niederschlag, der, nachdem er durch Auswaschen von fremden Stoffen befreit ist, in Ammoniak sich löst. Baryumchlorid gibt einen weißen amorphen Niederschlag, der, je nach Konzentration der Lösung, und je nach der Dauer der Digestion mehr oder weniger Wasser gebunden enthält. Das Silbersalz bildet einen flockigen Niederschlag, der in heißem Wasser ohne Zersetzung löslich ist.

Bekanntlich wird durch die Einwirkung eines Oxydationsmittels auf Citronensäure Aceton gebildet, welches mit Brom bromsubstituierte Acetone liefert, die von Alkali zersetzt werden unter Bildung von Bromoform. Diese Reaktion benutzt Stahre[1]) zum Nachweis der Citronensäure. Wird eine Citronensäurelösung mit einer gewissen Menge Permanganat erwärmt und dann mit einigen Tropfen Bromwasser versetzt, so entsteht ein weißer Niederschlag. Setzt man schließlich Natron zu, so entwickelt sich ein deutlicher Geruch von Bromoform. Die erste Reaktion ist besonders charakteristisch, indem noch 0,0002 g Citronensäure in 1 ccm Wasser aufgelöst, eine deutliche Opalisierung geben. Setzt man hierbei zuerst Bromwasser hinzu, so ist weniger Permanganat zu nehmen. Man kann daraus schließen, daß Brom nicht ohne Einwirkung auf Citronensäure ist. Die Angaben von Cloëz[2]), daß Brom nicht auf Citronensäure einwirke, weder im Sonnenlichte, noch bei 100$^0$, kann demnach nicht richtig sein. Setzt man zu dem einen von zwei gleichen Teilen Bromwasser ein wenig Citronensäure und befreit beide vom Brom durch Abdampfen, so ergibt die mit Citronensäure versetzte Portion, nach Zusatz von

---

[1]) Stahre, Nordisk. pharm. Tidskrift 1895, 141.

[2]) Cloëz, Jahresber. d. Chem. 1861, 370.

Silbernitrat, eine viel größere Ausscheidung von Silberbromid, als die der citronensäurefreien.

Broeksmits[1]) Reaktion auf Citronensäure ist eine Modifikation von Stahres Reaktion. Erwärmt man Citronensäurelösung mit Kaliumpermanganat, gibt Ammoniak und dann Jodlösung zu, so entsteht Jodoform. Die Methode hat sich mit Erfolg auch zum Nachweis von Citronensäure in Migränin, in Milch, im Saft von Citrus aurantium und in Tamarinde verwenden lassen. Erhitzt man etwas Citronensäure mit Ammoniak in einem zugeschmolzenen Glasrohr oder Kölbchen einige Stunden auf 120$^0$, so färbt sich die Mischung nach Sabanin und Laskowsky[2]) beim Stehen an der Luft blau oder grün. Die Reaktion soll noch mit 1,010 g Citronensäure gelingen, nicht aber mit 0,005 g. Mercks[3]) Reaktion beruht auf dem Nachweis von Acetondicarbonsäure, die bei der Einwirkung von konzentrierter Schwefelsäure auf Citronensäure entsteht. Da die Reaktion bei Anwesenheit von Weinsäure beeinträchtigt wird, wird an Stelle von Schwefelsäure eine Mischung von 3 Teilen Essigsäureanhydrid und 6 Teilen Schwefelsäure verwendet. Erwärmt man etwas Citronensäure mit dieser Mischung auf 90—95$^0$ etwa 10 Minuten lang, macht hierauf nach dem Verdünnen mit Wasser alkalisch und gibt Natriumnitroprussiat zu, so entsteht die bekannte Ketonfärbung.

Nesslers[4]) Reaktion auf Citronensäure im Wein beruht auf der Abscheidung von Calciumcitrat nach besonderem Verfahren. Nachstehende Ausführungsform der Probe gibt nach Alcock[5]) sichere Resultate: Nachdem die Citratlösung nötigenfalls durch Ammoniak neutralisiert ist, setzt man soviel Calciumchloridlösung zu, daß bei 5 Minuten langem Kochen eine citratfreie Flüssigkeit nicht getrübt wird (was durch einen blinden Versuch ermittelt werden kann) und erhitzt dann einige Minuten lang im Wasserbade. Der eventuell entstehende Niederschlag wird abfiltriert und zur weiteren Identifizierung der Citronensäure benutzt. Auf Grund eingehender Versuche hat Devarda[6]) ein Verfahren ausgearbeitet, mit dem noch 0,2 g Citronensäure in

---

[1]) Broeksmit, Pharm. Weekblad 1904, 401, 611.

[2]) Sabanin und Laskowsky, Ztschr. analyt. Chem. 17, 74.

[3]) Merck, Pharm. Ztg. 1903, 894.

[4]) Nessler, Ztschr. analyt. Chem. 21, 61.

[5]) Alcock, Pharm Journ. 1908, 586; 17, 664.

[6]) Devarda, Ztschr. landw. Vers. Wes. Öster. 7, 6.

1000 ccm Wein mit Sicherheit nachgewiesen werden können. Das Verfahren soll sicherer und weniger umständlich sein, als die für diesen Zweck bisher vorgeschlagenen Verfahren. Wenn bisweilen angenommen wird, daß reine Weine Citronensäure nicht enthalten, so ist von Musset[1]) festgestellt worden, daß alle sauren Weine wechselnde, aber stets erhebliche Mengen derselben enthalten. Nachweis im Wein auch: Spica[2]).

Die Citronensäure unterscheidet sich von der Weinsäure dadurch, daß sie optisch inaktiv ist, ihre sauren Kaliumsalze in Wasser leicht löslich sind, und daß sie beim Erhitzen stechend riechende Dämpfe ausgibt. Etwa 0,05 g der zu prüfenden Säure mit 10—15 Tropfen einer Lösung von 0,02 g $\beta$-Naphthol in 1 ccm reiner konzentrierter Schwefelsäure versetzt, bringen, nach Pinerua[3]), in einem Porzellanschälchen vorsichtig erhitzt, eine blaue Färbung hervor, die auch bei längerem Erhitzen nicht in Grün übergeht, wenn keine Weinsäure zugegen ist. Nach Denigès[4]) werden 5 g Quecksilberoxyd in 20 ccm konzentrierter Schwefelsäure und 100 ccm Wasser gelöst. 5 ccm der 1—2 % Citronensäure enthaltenden Flüssigkeit werden mit 1 ccm des Reagens zum Sieden erhitzt und dann einige Tropfen 2 % ige Kaliumpermanganatlösung zugegeben. Die Flüssigkeit wird entfärbt und gibt noch bei Anwesenheit von 0,0005 g Citronensäure einen weißen Niederschlag. Spindler[5]) hat versucht, das Permanganat durch andere Oxydationsmittel zu ersetzen, aber nur Kaliumdichromat war brauchbar. 0,5 g der fraglichen Säure wurden in 10 ccm Wasser gelöst, 2 ccm obiger Quecksilbersulfatlösung nach Denigès zugesetzt, aufgekocht und stehen gelassen. Bei reiner Citronensäure tritt alsbald ein hellgelber Niederschlag auf und die Lösung bleibt tagelang hellgelb. Bei Gegenwart von Weinsäure wird die Flüssigkeit durch Braun allmählich grün, wodurch noch 5 % Weinsäure gut nachweisbar sind. Eine zum Sieden erhitzte, stark alkalische Lösung von Kaliumpermanganat wird nach Chapmann und Smith[6]) durch Citronensäure grün gefärbt, durch Weinsäure aber unter Abscheidung von Manganperoxyd zersetzt.

---

[1]) Musset, Pharm. Zentralh. 24, 510.
[2]) Spica, Chem. Zentralbl. 1901, II, 745.
[3]) Pinerua, Chem. News, 75, 61.
[4]) Denigès, Bull. Soc. Pharm. 1898, 33.
[5]) Spindler, Chem. Ztg. 28, 15; 1903, 1263.
[6]) Chapmann und Smith, The Laboratory 1867, 39.

Erhitzt man die betreffende Säure mit konzentrierter Schwefelsäure, so gibt nach Tocher[1]) Weinsäure eine kohlige Masse, Citronensäure eine gelbliche Lösung und Äpfelsäure eine dunkle Lösung. Weinsäurelösung wird nach Tocher durch Kobaltnitrat rot gefärbt, auf Zusatz von Natron verschwindet die Färbung. Beim Kochen färbt sich diese Mischung blau. Citronensäurelösung wird durch Kobaltnitrat und Natronlauge tief blau gefärbt, ebenso Äpfelsäurelösung. Erhitzt man Citronensäure mit 0,7 Teilen Glycerin bis zur Entwickelung von Acreolindämpfen, nimmt die Masse mit Ammoniak auf, verdampft letzteres durch gelindes Erwärmen und gibt dann tropfenweise eine Mischung von 1 Teil Salpetersäure und 4 Teilen Wasser zu, so gibt Citronensäure nach Méan[2]) eine grüne Färbung. Weinsäure und Äpfelsäure geben diese Reaktion nicht.

**Prüfung.** Die Citronensäure soll an der Luft nicht feucht werden und sich in Wasser und Weingeist vollständig lösen. Beim Glühen darf sie einen wägbaren Rückstand nicht hinterlassen. In der technischen Ware finden sich häufig Spuren von Eisen, Blei, Kupfer, Calcium und Schwefelsäure. Zur Prüfung auf diese Verunreinigungen löst man je 3 g der Säure in Wasser und prüft die mit Ammoniak übersättigte Lösung mit Schwefelwasserstoffwasser, ferner die ammoniakalische Lösung mit Ammoniumoxalat, die mit Salpetersäure angesäuerte Lösung mit Silbernitrat und die neutrale Lösung mit Baryumchlorid. Eine blaue Färbung beim Erwärmen des mit Schwefelwasserstoff erhaltenen Niederschlags mit Salpetersäure und Übersättigen mit Ammoniak zeigt Kupfer an. Eine Reaktion von Bachmeyer[3]) auf freie Schwefelsäure neben Citronensäure und anderen organischen Säuren besteht in folgendem: Man taucht Filtrierpapierstreifen in eine mäßig starke Sappanholzextraktlösung und trocknet dieselben. Hält man solche Streifen in eine Flüssigkeit, die nur 0,2 % freie Schwefelsäure enthält und trocknet sie dann vollständig, so färben sie sich ganz oder am Rande schön pfirsichblütenrot. Über Nachweis von Kalk und Schwefelsäure auch: Otto[4]).

---

[1]) Tocher, Pharm. Journ. 1906, II, 87.

[2]) Méan, Journ. Pharm. Chim. (5) 13, 477.

[3]) Bachmeyer, Ztschr. analyt. Chem. 22, 228.

[4]) Otto, Ann. Chem. Pharm. 127, 179. Ber. deutsch. chem. Ges. 17, 54.

Tatlock und Thomson[1]) fanden Citronensäure und Weinsäure stets bleihaltig. Auf den Bleigehalt der Citronensäure des Handels machten auch Guillot[2]) und Buchet[3]) aufmerksam. Warington[4]) fand die Angaben, daß Citronensäure Blei in Form von Metall oder löslichen Salzen enthält, bestätigt. Das Blei scheint in allen Fällen aus den Behältern zu stammen, in denen die Säure hergestellt wurde. In den Pharmacopöen mehrerer Länder sind verschiedene Methoden zur Prüfung der Citronensäure auf Blei beschrieben, die nach Warington sämtlich nicht genügen sollen. Eine gesetzliche Festsetzung des zulässigen Höchstgehaltes erscheint demnach dringend erwünscht. Warington stellte seine Versuche in der Weise an, daß er bleifreie Säuren mit bekannten Mengen von Blei versetzte und dann das Verhalten der Lösungen beim Behandeln mit Schwefelwasserstoff oder Ammoniumsulfid unter verschiedenen Bedingungen beobachtete. Er fand, daß starke Lösungen der Säure mit Schwefelwasserstoff keine Färbungen geben, selbst wenn Blei in beträchtlicher Menge zugegen war. Die Empfindlichkeit der Prüfung wuchs aber mit der Verdünnung der Lösung, auch erwies sich Schwefelwasserstofflösung vorteilhafter als das Gas. Um die durch Blei in einer Lösung von Citronensäure erhaltene Färbung mit derjenigen einer eingestellten Lösung zu vergleichen, fügt Warington zu den vergleichenden Flüssigkeiten Glycerin, wodurch eine klare Färbung erhalten und die Bildung eines Niederschlages vermieden wird. In England wird reine Citronensäure dargestellt, indem man das Blei durch Schwefelwasserstoff entfernt. Warington hat eine Anzahl Proben aus verschiedenen Quellen untersucht und fand in Citronensäure englischer Provenienz den Bleigehalt zwischen 0,0018 und 0,0240 %. In zwei Proben französischen und deutschen Ursprungs wurden 0,0029 und 0,0006 % gefunden, während aus Amerika stammende Säure 0,0063 und 0,0030 % enthielt. Außer den erwähnten Proben hat er mehrere Proben Brausepulver untersucht und in denselben gleichfalls merkliche Mengen Blei gefunden. Hierzu bemerkte Bevan[5]), daß zweifellos viele Proben Citronensäure weniger Blei enthalten, als man annimmt, was darauf beruhe,

[1]) Tatlock und Thomson, The Analyst 1908, 173.
[2]) Guillot, Journ. pharm. 25, 540.
[3]) Buchet, Rep. pharm. 48, 246.
[4]) Warington, Chem. Ztg. 1893, 197.
[5]) Bevan, Chem. Ztg. 1893, 350.

daß die Chemiker eine Lösung eines Bleisalzes in destilliertem Wasser als Vergleichsflüssigkeit benutzen und hierbei unbeachtet lassen, daß diese Lösung einen viel helleren Farbenton gibt, als die Lösung derselben Bleimenge in Citronensäure. Weiter wurde behauptet, daß bleifreie Citronensäure zu wenig höherem Preise als die Säure gewöhnlicher Qualität erhalten werden kann. Die Ursache, warum die Citronensäure bei ihrer Fabrikation durch Behandeln mit Schwefelwasserstoff völlig bleifrei gewonnen werden kann, obwohl Spuren Blei mit dem genannten Reagens keine Fällung geben, ist darin zu suchen, daß die rohe Säure immer genügend Blei enthält, um die Bildung von Bleisulfid zu bewirken und daß, wenn letztere einmal begonnen hat, der Niederschlag schließlich alles Blei in sich aufnimmt, so daß keine Spur in Lösung bleibt. Pusch[1]) befürwortete eine möglichst verschärfte Prüfung der Citronensäure auf Blei, indem 50 ccm einer 10 % igen Lösung in einem auf weißer Unterlage stehenden Bechergläschen mit Schwefelwasserstoffwasser versetzt werden, wobei keine Veränderung eintreten darf. Es werde absolut bleifreie Citronensäure in Deutschland hergestellt, so daß in dieser Hinsicht die höchsten Anforderungen zu stellen seien, da gerade Blei ein höchst gefährliches Gift sei. Schober[2]) dagegen sprach sich gegen die Verschärfung des Prüfungsverfahrens der Pharmakopöe auf einen Bleigehalt aus. Alle Citronensäuren, welche den von der Pharmakopöe gestellten Anforderungen entsprechen, insbesondere auch in 10 % iger wässeriger, mit Ammoniak abgestumpfter Lösung auf Zusatz von Schwefelwasserstoffwasser keine Veränderungen zeigen, seien als hinreichend rein zu betrachten. Proben, welche die Prüfung der Pharmakopöe aushielten, zeigten in 20 % iger Lösung eine minimale, in 30 % iger eine stärker hervortretende Färbung. Macfadden[3]) empfahl, als obere Grenze 0,002 % für Blei, sowie 0,00014 % für Arsen anzuerkennen, da nach der Art, wie die Citronensäure als Nahrungsmittel verbraucht wird, eine Schädigung durch die genannten Verunreinigungen nicht zu befürchten ist. Die genannten Zahlen sind durch freies Übereinkommen auch die Maximalwerte für Weinsäure. Brauchbare Methoden zur quantitativen Bestimmung von Bleisalzen und

[1]) Pusch, Pharm. Ztg. 1892, 448. Arch. Pharm. 22, 315.
[2]) Schober, Pharm. Ztg. 1893, 165.
[3]) Macfadden, The Analyst, 32, 189.

metallischem Blei in Citronensäure sind von Tatlock und Thomson[1]) und von Buchet[2]) veröffentlicht worden. Versuche von Koningh[3]), aus ammoniakalischen Lösungen von Citronensäure, die durch Einleiten von Schwefelwasserstoff, Schütteln mit Kaolin und Filtrieren bleifrei gemacht waren, durch Eindampfen bleifreie krystallisierte Salze zu erhalten, mißlangen, weil dabei die Lösungen aus den Glas- und Porzellangefäßen immer Blei aufnahmen.

Die Citronensäure wird häufig mit Weinsäure verfälscht. Man kann diese nachweisen indem man eine Quantität der Krystalle in Wasser löst, dann Kalilösung hinzufügt, jedoch nur so viel, daß die Flüssigkeit eine stark saure Reaktion behält, und dann heftig umrührt. Bei Gegenwart von Weinsäure wird ein krystallinischer Niederschlag von Monokaliumtartrat entstehen. Oder man mischt nach Fleischer[4]) die konzentrierte Lösung mit so viel Kaliumacetat, wie zur Bindung der Weinsäure erforderlich ist, und ein dem Volum der Flüssigkeit entsprechend doppeltes Volumen Alkohol. Bei Gegenwart von Weinsäure entsteht beim Umschütteln der krystallinische Niederschlag von Monokaliumtartrat. Bringt man nach Cailletet[5]) zu 10 ccm einer gesättigten Lösung von Kaliumdichromat 1 g der zu prüfenden Säure und schüttelt um, so entsteht selbst nach 10 Minuten keine Farbenänderung, wenn die Citronensäure rein ist. Enthält sie 5 % Weinsäure, so färbt sich die Lösung schwarzbraun, bei 1 % noch kaffeebraun. Erhitzt man 1 g gepulverte Citronensäure mit 10 g konzentrierter Schwefelsäure eine Stunde lang auf kochendem Wasserbade, so gibt reine Citronensäure nach Pusch[6]) eine gelbe Lösung, solche, die nur 0,5 % Weinsäure enthält, wird bräunlich bis rotbraun. Crismer[7]) versetzt 1 g gepulverte Citronensäure mit 1 ccm Ammoniummolybdatlösung 1 : 4, gibt 2—3 Tropfen 0,25 % iges Wasserstoffperoxyd zu und erwärmt unter Umschütteln 3 Minuten lang auf dem Wasserbade. Reine Citronensäure färbt sich hierbei rein gelb, Weinsäure bewirkt Blaufärbung. Es soll sich so 1 mg Weinsäure in 1 g Citronensäure nachweisen lassen. Versetzt man

---

[1]) Tatlock and Thomson, The Analyst 1908, 173.
[2]) Buchet, Rep. Pharm. 1892, 246.
[3]) Koningh, Chem. News 77, 119.
[4]) Fleischer, Ber. deutsch. chem. Ges. 5, 353.
[5]) Cailletet, Journ. Pharm. d'Anvers 33, 449.
[6]) Pusch, Pharm. Ztg. 1892, 448. Arch. Pharm. 22. 315.
[7]) Crismer, Ztschr. analyt. Chem. 32, 96.

nach Vulpius[1]) 2 ccm einer Lösung von 1 g Kaliumacetat in 20 g 90 % igen Weingeist mit 1 ccm Citronensäurelösung von 1 : 2 Wasser, so entsteht anfangs ein Niederschlag, dann aber eine klare Lösung, wenn die Säure rein ist. Ein Weinsäuregehalt von 2 % verursacht sofort, ein solcher von 1 % nach kräftigem Schütteln die Bildung von krystallinischem Weinstein. Salzers[2]) Reaktion auf Weinsäure in Citronensäure beruht auf der Reduktion von Chromsäure zu violettem Chromsalz durch Weinsäure bei gewöhnlicher Temperatur. In einem Gemenge von Weinsäure und Citronensäurekrystallen lassen sich nach Barbet[3]) beide unterscheiden durch Aufstreuen auf eine Glasplatte, die mit einer Schicht von Kalilösung bedeckt ist. Die Weinsäurekrystalle werden hierbei undurchsichtig und weiß und zerfallen in kleine Weinsteinkrystalle, während die Citronensäure unverändert bleibt. Die Prüfungsmethode von Pusch auf Weinsäure rührt eigentlich von Schmidt[4]) her. Hill[5]) zeigte nun, daß der Nachweis von Weinsäure ein viel schärferer ist, wenn man die Citronensäure mit Schwefelsäure eine halbe Stunde lang über dem Bunsenbrenner erhitzt. Es lassen sich dabei, je nach dem Weinsäuregehalt, Farbenreaktionen von bräunlichgelb bis tiefschwarz beobachten.

Das deutsche Arzneibuch läßt die Citronensäure auf eine Verwechslung mit Weinsäure oder eine Beimischung derselben prüfen, indem 1 g der Säure, mit 10 ccm Schwefelsäure eine Stunde lang im Wasserbade erwärmt, keine Braunfärbung zeigen darf. Diese Prüfung ist jedoch unzuverlässig, da bei stärkerer Erwärmung leicht Braunfärbung eintritt. Dietze[6]) empfiehlt folgende Prüfung: 1 g Citronensäure soll zur Sättigung 14,25—14,30 ccm $^1/_{10}$ N.-Alkali verbrauchen. Wird die Säure in einem Schmelzpunktbestimmungsröhrchen erhitzt, so bemerkt man bei 75° ein Zusammensintern, das bei 120° als vollständiges Schmelzen zu betrachten ist. Weinsäure schmilzt erst bei 167—168°. Über Bestimmung der Weinsäure auch: Athenstädt[7]).

---

[1]) Vulpius, Pharm. Ztg. 28, 822.
[2]) Salzer, Pharm. Zentralh. 1888, 399. Ber. chem. Ges. 21, 1910.
[3]) Barbet, Arch. Pharm. 148, 216.
[4]) Schmidt, Handb. pharm. Chem. 341.
[5]) Hill, Pharm. Journ. 1910, 245.
[6]) Dietze, Pharm. Ztg. 1897, 259.
[7]) Athenstädt, Ber. deutsch. chem. Ges. 17 217.

**Bestimmung.** Die quantitative Bestimmung der Citronensäure kann durch Titrieren mit Normalalkali geschehen. Bei Gegenwart von anderen Säuren ist die titrimetrische Bestimmung nicht anzuwenden. Die Titration mit Natriumcarbonat unter Benutzung von Lackmus als Indikator ist zu verwerfen, da Natriumcitrat gegen Lackmus alkalisch reagiert, wodurch der Endpunkt der Reaktion undeutlich wird. Williams[1]) titriert mit Natron und Phenolphthalein, wobei der Farbenwechsel sehr scharf erfolgt. Watts[2]) benutzt mit Vorteil eine mit starkem Weingeist bereitete Kurkumatinktur als Indikator, von welcher man Tropfen auf eine weiße Porzellanplatte bringt, die zeitweilig mit Tropfen der zu titrierenden Flüssigkeit gemischt werden. Der geringste Überschuß an Alkali verrät sich durch die bekannte rotbraune Farbe.

Die gewichtsanalytischen Methoden zur Bestimmung der Citronensäure gründen sich fast alle auf die Abscheidung derselben als Calciumcitrat oder Baryumcitrat und Wägen als Sulfat. Bei der Bestimmung im Citronensaft und anderen Fruchtsäften scheiden Jörgensen[3]), sowie Hempel und Friedrich[4]) die Säure als Baryumcitrat ab. Eine Methode von Williams[5]) zur Bestimmung der Säure im Citronensaft beruht auf der Abscheidung als Calciumcitrat. Eine rasche Methode zur Bestimmung der Citronensäure im Citronensaft von Ulpiani und Parrozzani[6]) beruht darauf, daß eine Citronensäurelösung, die Calciumchlorid enthält, mit Natron in der Kälte gefällt wird, wenn die ganze Säure gesättigt, und in der Wärme, wenn ein Drittel gesättigt ist. Demnach gibt die Differenz zwischen der Zahl der erforderlichen ccm Natron, damit die Fällung in der Kälte eintritt, und derjenigen, damit die Fällung in der Wärme eintritt, zwei Drittel der in der Lösung enthaltenen Citronensäure an.

Methoden zur Bestimmung der Citronensäure im Wein, und zwar als Calciumcitrat, sind ausgearbeitet worden von Nessler und Barth[7]), von Klinger und Bujard[8]), von Favrel[9]) und

[1]) Williams, The Analyst, 1889, 25.
[2]) Watts, Ber. deutsch. chem. Ges. 19, 393.
[3]) Jörgensen, Ztschr. Unters. Nahr.- u. Genußm. 1907, 241.
[4]) Hempel und Friedrich, Ztschr. Unters. Nahr.- u. Genußm. 12, 725.
[5]) Williams, The Analyst, 1889, 25.
[6]) Ulpiani und Parrozzani, Atti acad. Lincei, Roma.
[7]) Nessler und Barth, Ztschr. analyt. Chem. 21, 61; 23, 28.
[8]) Klinger und Bujard, Ztschr. angew. Chem. 1891, 514.
[9]) Favrel, Ann. chim. analyt. appl. 13, 177.

von Robin[1]). In Pflanzenteilen wie Blättern, Stengeln, Früchten und Gemüsen bestimmt Claassen[2]) die Citronensäure als Calciumcitrat, Albahary[3]) als Baryumcitrat. Creusé[4]) versetzt Lösungen, die nur Alkalicitrate enthalten, mit Baryumacetat und dem doppelten Volumen Weingeist. Der Niederschlag wird mit 63 % igem Weingeist gewaschen und als Baryumsulfat gewogen. Eine von Romeo und Palma[5]) vorgeschlagene Methode für Calciumcitrat ist im wesentlichen eine Anwendung der Creuséschen Methode für die Analyse der Alkalicitrate. Sie gründet sich auf die Eigenschaft des Baryumcitrats in 63 % igem Weingeist unlöslich zu sein, während die Acetate von Kalium, Natrium und Baryum darin löslich sind. Methoden zur Bestimmung der Citronensäure in der Milch sind veröffentlicht worden von Scheibe[6]), von Desmoulière[7]) und von Beau[8]), im Tabak von Kissling[9]) und von Toth[10]). Die Methode von Beau[11]) beruht auf dem von Denigés[12]) zum Nachweis der Citronensäure angegebenen Verfahren.

Ein neues Verfahren zur Bestimmung der Citronensäure in Citronensäften ist von Gadais[13]) angegeben worden. 120 ccm Citronensaft werden zum Liter aufgefüllt, 25 ccm der Flüssigkeit mit eisen- und carbonatfreier Normalalkalilösung neutralisiert, 20 ccm gesättigte Calciumchloridlösung zugesetzt und das Calciumcitrat nach einem eingehend beschriebenen Verfahren bestimmt. Über Bestimmung der Citronensäure im Citronensaft auch Macagno[14]).

Nach Spindler[15]) ist das Calciumcitrat zur quantitativen Bestimmung der Citronensäure ganz unzuverlässig, weil die Menge

[1]) Robin, Ann. chim. analyt. appl. 9, 453.
[2]) Claassen, Pharm. Rundsch. 1890, 60, 107.
[3]) Albahary, Compt. rend. 144, 1232.
[4]) Creusé, Jahresber. d. Chem. 1873, 970.
[5]) Romeo und Palma, Ztschr. angew. Chem. 1905, 1146.
[6]) Scheibe, Ztschr. angew. Chem. 1891, 504.
[7]) Desmoulière, Bull. d. Sciences Pharmacol. 17, 588.
[8]) Beau, Rev. gen. du lait 1904, 386.
[9]) Kissling, Chem. Ztg. 1898, 2; 1899, 2; 1909, 719.
[10]) Toth, Chem. Ztg. 1908, 242.
[11]) Beau, Rev. gen. du lait 1904, 386.
[12]) Denigès, Ann. chim. analyt. appl. 13, 226.
[13]) Gadais, Bull. soc. chim. (4) 5, 287.
[14]) Macagno, Ber. deutsch. chem. Ges. 15, 263.
[15]) Spindler, Chem. Ztg. 28, 15; 1903, 1263.

des Niederschlags vom Volumen der Lösung abhängig ist, weil die krystallinische Fällung des Tricalciumcitrates in kochender Lösung selbst in konzentrierten Lösungen und bei Gegenwart von Ammoniumchlorid nicht quantitativ ist, weil das Tricalciumcitrat + 4 $H_2O$ schon bei 100° langsam Krystallwasser verliert und weil dieses Salz, wenn durch Neutralisation mit Calciumhydroxyd gewonnen, stets etwas mehr Calcium enthält, als der Theorie entspricht. Zur quantitativen Bestimmung eignen sich nach Maystre [1]) nur das Baryumsalz und das Bleisalz, namentlich das letztere soll bei Gegenwart von viel Weingeist ganz unlöslich sein. Auch kann das Calciumcitrat mit Calciummalat verwechselt werden. Aus einer nahezu neutralisierten Lösung scheidet sich nach Klinger und Bujard [2]) beim Kochen sehr schwer lösliches, wasserfreies Calciummalat aus. Calciummalat verhält sich also genau so wie Calciumcitrat.

Eine besondere Schwierigkeit bei der quantitativen Bestimmung der Citronensäure besteht in der Trennung von anderen begleitenden Säuren, und wohl besonders diese Schwierigkeit hat bis jetzt die Ausarbeitung einer völlig brauchbaren Methode verhindert. Im reinen Citronensaft kann der Gehalt an Citronensäure durch Titration der Gesamtsäure bestimmt werden, da andere Säuren nur in verhältnismäßig sehr geringen Mengen vorhanden sind. Weinsäure ist gar nicht vorhanden, deren qualitativer Nachweis würde also schon genügen, eine Fälschung darzutun. Oxalsäure dürfte ihrer Giftigkeit wegen absichtlich kaum Anwendung finden und würde qualitativ wie quantitativ leicht zu bestimmen sein. Es könnte sich, abgesehen von Mineralsäuren, eigentlich nur um Äpfelsäure handeln, die in vielen sauren Früchten in großer Menge vorhanden ist und die sich bis jetzt so ziemlich allen quantitativen Bestimmungsversuchen entzogen hat. Eine zuverlässige quantitative Bestimmungsmethode für Citronensäure wäre also sehr erwünscht.

Die Prüfung des zu medizinischen Zwecken dienenden Ferricitrates soll nach der Pharmakopöe in folgender Weise geschehen: 0,5 g Ferricitrat werden in 2 ccm Salzsäure und 15 ccm Wasser in der Wärme gelöst und nach dem Erkalten mit 1 g Kaliumjodid versetzt. Die Mischung bleibt in geschlossenem Glase

[1]) **Maystre**, Chem. Ztg. 1905, 199.
[2]) **Klinger und Bujard**, Ztschr. angew. Chem. 1891, 514.

bei gewöhnlicher Temperatur eine Stunde lang stehen. Es müssen dann zur Bindung des ausgeschiedenen Jods 17—18 ccm $^1/_{10}$ N. Natriumthiosulfatlösung gebraucht werden[1]. Eine brauchbare Analysenmethode für brausendes Magnesiumcitrat oder granulierte Brausemagnesia ist von Baroni und Guidi[2]) veröffentlicht worden.

Eine neue Methode zur genauen direkten Ermittelung der Citronensäure in Citraten ist von Spica[3]) veröffentlicht worden. Die verschiedenen Methoden der Analyse, die bisher zur Ermittelung der Citronensäure in dem in den Handel gebrachten Calciumcitrat vorgeschlagen wurden, geben wegen der Verunreinigungen, die diese Citrate enthalten, mehr oder weniger zu Irrtümern Anlaß. Zur Ausführung verlangen sie außerdem die genaueste Aufsicht und viel Zeit, was mit den Ansprüchen des Handels kaum vereinbar ist. Die am meisten angewendeten Verfahren sind die von Ogston, Moore und Techemaker. Die schnelle und dabei zuverlässige Methode von Spica stützt sich auf die direkte Ermittelung der Citronensäure nach Abscheidung des Calciumcitrates usw. durch Entwickelung von einem Molekül Kohlenoxyd auf ein Molekül Citronensäure infolge Einwirkung von konzentrierter Schwefelsäure unter mäßiger Erwärmung. Das bei der Reaktion entstehende Kohlenoxyd wird in einem besonderen Apparat gesammelt und gemessen, mit dem sich gleichzeitig die Citronensäure, Kohlensäure und die im Citrat enthaltenen Carbonate bestimmen lassen. Die Methode ist bei Gegenwart von Oxalaten und Tartraten natürlich nicht ausführbar, jedoch kommen diese Stoffe niemals in den Citraten vor, wenn sie nicht gerade aus betrügerischen Zwecken hinzugegeben werden.

Bestimmung der Citronensäure im Citronensaft. Die Citronensäure bestimmt man nach Creusé[4]) direkt, indem man den Saft mit Kaliumcarbonat bis zu wahrnehmbarer alkalischer Reaktion versetzt, im Wasserbade zur Trockne verdampft und in wenig Weingeist von 95 % aufnimmt. War Schwefelsäure im Safte vorhanden, so bleibt diese als Sulfat ungelöst und wird als solches durch Filtration beseitigt. Auf je 1 g des Kaliumcitrates

---

1) Apoth. Ztg. 1893, 618.
2) Baroni und Guidi, Boll. Chim. Farm. 44, 773.
3) Spica, Chem. Ztg. 1910, 1141.
4) Creusé, Jahresber. d. Chem. 1873, 970.

sollen nicht mehr wie 10—20 ccm Weingeist verwendet werden. Die Lösung muß genau neutral sein, sollte sie alkalisch reagieren, so ist sie mit wenig Essigsäure zu versetzen. Die neutrale Lösung wird mit einer alkoholischen Lösung von Baryumacetat in möglichst geringem Überschuß gefällt, das doppelte Volum an Weingeist von 95 % hinzugefügt, 24 Stunden lang kalt digeriert und dann der Niederschlag auf einem Filter mit Weingeist von 67 % gewaschen. Aus dem Gewichte dieses Niederschlages läßt sich der Gehalt an Citronensäure nicht sofort ableiten, da das Baryumcitrat einen wechselnden Gehalt an Krystallwasser zeigt. Es wird daher der Niederschlag vom Filter getrennt, dieses im Platintiegel für sich verbrannt, und der zur Asche gefügte Niederschlag mit konzentrierter Schwefelsäure befeuchtet, die überschüssige Schwefelsäure verdampft und das Baryumsulfat gewogen. 3 Mol. Baryumsulfat (700,2) entsprechen 2 Mol. wasserfreier (384,1) oder 2 Mol. krystallisierter Citronensäure (420,2).

Bestimmung der Citronensäure in Weinen. Nach Nessler und Barth[1]) werden 100 ccm Wein auf etwa 7 ccm eingedampft. Nach dem Erkalten wird mit 80 % igem Weingeist alles darin Unlösliche abgeschieden, nach etwa einstündigem Stehen filtriert, der Weingeist verdampft, der Rückstand mit Wasser auf 25 ccm gebracht und durch Zusatz von etwas dünner Kalkmilch ein Teil der Säure abgestumpft. Rotweine erhalten hier einen Zusatz von etwas ausgelaugter Tierkohle. Dann wird filtriert. Das Filtrat, welches noch deutlich sauer sein muß, wird mit Wasser auf das ursprüngliche Volumen des Weines gebracht und etwa 1 ccm einer kalt gesättigten Lösung von Bleiacetat unter sehr energischem Umschütteln zugesetzt. Der Bleiniederschlag enthält einen Teil der Äpfelsäure, Phosphorsäure, eine Spur Schwefelsäure, Weinsäure und Citronensäure. Es wird abfiltriert, mit kaltem Wasser gewaschen, zusammen mit dem Filter in einem geschlossenen Kolben mit gesättigtem Schwefelwasserstoffwasser energisch durchschüttelt und dadurch zersetzt. Nach längerem Stehen wird die vollkommen farblose und klare Flüssigkeit, welche die oben genannten Säuren enthält, abfiltriert, mit Schwefelwasserstoffwasser ausgewaschen, der Schwefelwasserstoff durch Eindampfen verjagt, die etwa 15 ccm betragende Flüssigkeit mit dünner Kalkmilch schwach alkalisch gemacht und so die Phosphorsäure ab-

[1]) Nessler und Barth, Ztschr. analyt. Chem. 21, 61; 23, 28.

geschieden, dann filtriert, das Filtrat mit möglichst wenig Essigsäure angesäuert und durch einstündiges Stehen die Weinsäure als Calciumtartrat entfernt. Man dampft die Flüssigkeit zum Beseitigen der freien Essigsäure bis zur Trockne ein, nimmt mit etwas heißem Wasser auf und konzentriert nochmals, bis das Calciumcitrat krystallinisch sich abscheidet. Einmal ausgeschieden, löst es sich in heißem Wasser nicht mehr; es wird abfiltriert, heiß ausgewaschen, getrocknet und gewogen.

Trennung der Citronensäure von der Weinsäure, Äpfelsäure und Oxalsäure. Nach Fleischer[1]) wird die, nötigenfalls durch Essigsäure angesäuerte Lösung mit Kaliumacetat und dann mit dem doppelten Volumen 95 % igem Alkohol versetzt. Nach einer Stunde filtriert man das gefällte Monokaliumtartrat ab und wäscht es mit einem Gemenge von ein Volum Wasser und zwei Volum Alkohol. Das Filtrat fällt man mit Bleiacetat, wäscht den Niederschlag mit Alkohol von etwa 50 % und zerlegt ihn mit Schwefelwasserstoff. Die in Freiheit gesetzte Citronensäure titriert man mit $\frac{1}{2}$ N.-Ammoniak. In dem Weinsteinniederschlag wird die Weinsäure ebenfalls acidimetrisch bestimmt, wobei zu berücksichtigen ist, daß Monokaliumtartrat zur Neutralisation nur halb soviel Alkali gebraucht, wie freie Weinsäure. Zur Trennung der Citronensäure von der Äpfelsäure stellt man, nach Sindet[2]), eine kalte Lösung von 2,5 % der Säuren in 95 % igem Methylalkohol dar und trägt Chinin ein, wodurch saures citronensaures Chinin ausgefällt wird. Aus dem Filtrat davon kann durch Cinchonin saures äpfelsaures Cinchonin gefällt werden. Zur Erkennung und Bestimmung etwa vorhandener Oxalsäure dient die Unlöslichkeit des Calciumoxalates in kalten Lösungen, aus denen Calciumcitrat nicht ausfällt. Über Unterscheidung von Äpfelsäure und Bernsteinsäure: Papasogli und Poli[3]).

Trennung der im Wein und in Fruchtsäften vorkommenden organischen Säuren. Nach Jörgensen[4]) werden 100 ccm Wein oder 25 ccm Fruchtsaft mit 10—20 ccm einer 20 % igen Bleiacetatlösung geschüttelt, ein der Mischung gleiches Volumen 90 % igen Weingeist zugefügt, der nach 24 stündigem

---

[1]) Fleischer, Ztschr. analyt. Chem. 13, 328.

[3]) Sindet, Bull. soc. chim. (3) 15, 1162.

[3]) Papasogli und Poli, Ber. deutsch. chem. Ges. 10, 1383.

[4]) Jörgensen, Ztschr. Unters. Nahr- und Genußm. 1907, 241.

Stehen abfiltrierte Niederschlag der Bleisalze mit Wasser geschüttelt, dieselbe Menge Weingeist zugefügt, filtriert, und nach öfterem Waschen unter Erhitzen mit Schwefelwasserstoff zersetzt. Das Filtrat wird auf 30—40 ccm eingedampft, mit Kalilauge neutralisiert, auf etwa 10 ccm eingeengt, in einem Meßzylinder mit Wasser auf 20 ccm ergänzt und mit dem doppelten Volumen 90 % igem Weingeist versetzt. Nach Stehenlassen über Nacht wird der aus Phosphaten, Sulfaten und Gerbsäure bestehende Niederschlag abfiltriert und mit einer aus 2 Teilen Weingeist und 1 Teil Wasser bestehenden Mischung ausgewaschen. Aus dem etwa 100 ccm betragenden Filtrate fällt man die Weinsäure mittelst 3 ccm Eisessig als saures Kaliumsalz und titriert mit $^1/_{10}$ N.-Lösung. Das Filtrat von Weinstein wird nach dem Eindampfen auf etwa 10 ccm in einen Meßzylinder gegossen, mit Wasser und etwas verdünnter Salzsäure nachgespült und die auf 20 ccm gebrachte Flüssigkeit zur Isolierung der Bernsteinsäure mehrmals mit 50 ccm Äther ausgeschüttelt. Die Bernsteinsäure kann man titrimetrisch oder als Baryumsalz bestimmen. Zur Abscheidung der Citronensäure und Äpfelsäure versetzt man die Lösung nach erfolgter Neutralisation mit 10 ccm Baryumchloridlösung, füllt mit Wasser auf 72 ccm auf und gibt 28 ccm Weingeist hinzu. Nach einer Stunde wird filtriert, der Niederschlag mit Wasser wieder auf 72 ccm gebracht, mit 82 ccm Weingeist versetzt und wieder filtriert. Beide Filtrate dampft man getrennt auf je 5 ccm ein, verdünnt mit Wasser auf je 17 ccm und fällt mit dem doppelten Volumen Weingeist. Die Identifizierung der Citronensäure geschieht nach Stahre durch Überführung in Pentabromaceton. Äpfelsäure kann, vorausgesetzt daß größere Mengen derselben vorliegen, in Fumarsäure übergeführt werden. Um die Citronensäure und Äpfelsäure quantitativ zu bestimmen, fällt man die Baryumsalze derselben mit Schwefelsäure und wiegt das erhaltene Baryumsulfat. Auf die angegebene Weise kann man etwa 90 % der wirklich vorhandenen Mengen der verschiedenen Säuren finden.

Zur Bestimmung der organischen Säuren im Himbeersaft benutzten Hempel und Friedrich[1]) auf Grund der Arbeiten von Kunz[2]) und Möslinger[3]) folgenden Analysengang: In 100

---

[1]) Hempel und Friedrich, Ztschr. Unters. Nahr- und Genußm. 12, 725.

[2]) Kunz, Ztschr. Unters. Nahr.- u. Genußm. 4, 674.

[3]) Möslinger, Ztschr. Unters. Nahr.- u. Genußm. 4, 1120.

bis 200 ccm Saft destillierten sie die flüchtigen Säuren ab und bestimmten im Rückstand zunächst nach Möslinger die Milchsäure, wobei besonders auf ein genügend weites Eindampfen zu achten ist, um nicht auch noch Baryumoxalat und -citrat durch Alkohol in Lösung zu bekommen. Der in Alkohol unlösliche Rückstand wird mit Schwefelwasserstoff zersetzt und vorsichtig etwas eingedampft, wobei die Weinsäure zerstört wird. Das Filtrat vom Baryumsulfat wird im Perforationsapparat 18 Stunden mit Äther extrahiert, der Rückstand der Ätherlösung mit Wasser aufgenommen und filtriert. Nach Neutralisation mit Ammoniak wird nochmals eingedampft und zu der ganz neutralen Lösung die 7—8 fache Menge Alkohol gegeben, um Ammoniumcitrat abzuscheiden. Nach Stehen über Nacht wird filtriert und im Filtrat durch Bleiacetat die Äpfelsäure gefällt; der mit Alkohol gewaschene Niederschlag wird in Bleisulfat übergeführt. Das Ammoniumcitrat wird in Wasser gelöst, die Lösung mit Ammoniak schwach alkalisch gemacht und nach Zusatz von Baryumchlorid durch Alkohol Baryumcitrat gefällt; nach Auswaschen des Niederschlages mit Alkohol, Lösen desselben in Salzsäure und Fällen der Lösung mit Schwefelsäure wird aus dem gewogenen Baryumsulfat die Citronensäure berechnet. 1 $BaSO_4$ = 0,5485 Citronensäure. Nach den Untersuchungen der Verfasser scheint die Citronensäure nicht immer zu überwiegen, vielmehr ihr Gehalt recht wechselnd zu sein.

Bestimmung der Citronensäure in der Milch. Nach Desmoulière[1]) kocht man 200 ccm Milch kurze Zeit mit 100 ccm 2 % iger Essigsäure am Rückflußkühler, filtriert nach dem Erkalten, dampft 150 ccm Filtrat auf dem Wasserbade bis zur Paste und nach Zusatz von 2—3 g gereinigter Kieselgur zur Trockne, setzt nach dem Erkalten 3 ccm verdünnte Schwefelsäure (0,20 g pro ccm) zu, läßt 2—3 Stunden unter zeitweiligem Umrühren stehen, rührt 3 g Kieselgur in die Masse ein und zieht dieselbe mit Wasser gesättigtem Äther aus, bis 1000 ccm ätherischer Auszug erhalten sind. Man dampft jetzt den Äther bei niedriger Temperatur rasch ab, nimmt den Rückstand in Wasser auf, verdünnt die Lösung auf ein bestimmtes Volumen, bestimmt in einem Teil der Flüssigkeit die Gesamtacidität, sodann, wenn diese überhaupt vorhanden ist, die Phosphorsäure und in einem anderen Teil die

[1]) Desmoulière, Bull. des Sciences Pharmacol. 17, 588.

flüchtigen Säuren (Essigsäure); die Differenz ergibt die Menge an vorhandener Citronensäure.

Bestimmung von Blei in Citronensäure. Tatlock und Thomson[1]) bestimmen das Blei in folgender Weise: Man löst 10 g der zu untersuchenden Säure in einer gewissen Menge Wasser und doppeltnormaler Ammoniaklösung, füllt mit Wasser auf 100 cm auf und filtriert. 50 ccm des Filtrates werden mit 0,1 g Kaliumcyanid und 1 ccm einer farblosen Ammoniumsulfidlösung versetzt und der Bleigehalt kolorimetrisch durch Vergleich mit einer Normallösung eines Bleisalzes bestimmt. Kupfer und Zinn bis zu 0,001 g und Eisen bis zu 0,00025 g in 50 ccm der Lösung, ebenso ein Gemisch in den angegebenen Gewichtsmengen, beeinflussen die Bestimmung nicht. Etwa vorhandenes Wismut wirkt jedoch störend und muß nach der Kaliumjodidprobe kolorimetrisch bestimmt werden. Zur Bestimmung von metallischem Blei, das zuweilen in Citronensäure des Handels vorkommen soll, löst Buchet[2]) 200 g der betreffenden Säure in 600 g Wasser und gibt Ammoniak in geringem Überschuß zu, um die vollkommene Lösung etwa vorhandenen Bleisulfats zu erzielen. Nach Verlauf von 24 Stunden wird dekantiert und die Flüssigkeit zur Seite gestellt. Der gebildete Niederschlag wird auf einem Filter gesammelt, sorgfältig gewaschen und auf dem Filter mit Salpetersäure gelöst. Die salpetersaure Lösung wird eingeengt, und erst mit Schwefelsäure und dann mit dem doppelten Volumen Weingeist versetzt. Das niedergeschlagene Bleisulfat wird mit Weingeist gewaschen, getrocknet, geglüht und gewogen. Die zuerst erhaltene Lösung von Ammoniumcitrat dient zur Bestimmung von Bleiverbindungen, die zuvor aus der mit Salzsäure angesäuerten Lösung mit Schwefelwasserstoff gefällt und, wie oben beschrieben, als Bleisulfat bestimmt werden.

## 6. Anwendungen.

Die größte Menge der Citronensäure wird bekanntlich in der Kattundruckerei verbraucht. Geringere Mengen werden in der Gerberei, in der chemischen Analyse, in der Medizin, zu Genußzwecken und in der Photographie verwendet.

---

[1]) Tatlock und Thomson, The Analyst 1908, 173.
[2]) Buchet, Rep. Pharm. 1892, 246.

Von den citronensauren Salzen haben bislang nur diejenigen weiteres Interesse, welche für den pharmazeutischen Bedarf bestimmt sind, und diese wieder sind meistens nicht reine chemische Verbindungen, sondern Gemenge.

### *Anwendungen in der Kattundruckerei.*

In der Kattundruckerei wird die Citronensäure teils als Reservage und teils um Farben zu erhöhen, angewandt. Reservagen wirken entweder nur mechanisch, indem sie sich vermöge ihrer Undurchdringlichkeit dem Eindringen der Beizlösungen oder Farbstoffe in die Faser widersetzen, so daß diese ungebeizt oder ungefärbt bleibt, oder sie verhindern chemisch die Einwirkung der Beizen oder Farbstoffe auf die Fasern. Um beim Färben mit Indigo weiße Zeichnungen zu erhalten, druckt man eine Mischung von Ton, Kupfervitriol und Gummi vor der Behandlung der Stoffe in der Küpe auf und trocknet. Der Ton verhindert das Eindringen der Indigweißlösungen und das Kupfersalz oxydiert das Indigweiß und fällt es auf der Oberfläche der Faser als unlösliches Indigblau aus, welches mit dem Ton durch Waschen entfernt werden kann. Wenn man den Stoff vor der Behandlung mit essigsaurem Eisen oder Aluminium mit einer Lösung von Citronensäure, die mit gebrannter Stärke verdickt worden ist, bedruckt und schnell trocknet, so entsteht an den von dem Reservepapp getroffenen Stellen citronensaures Aluminium oder Eisen, welche sich beim Trocknen und Hängen oder Dämpfen nicht in unlösliche Verbindungen verwandeln, sondern durch Waschen entfernt werden können.

Unter Enlevagen versteht man diejenigen Stoffe in verdickter Lösung, welche imstande sind, vorhandene Beizen oder Farblacke von Geweben fortzunehmen. Es sind zum Teil dieselben Stoffe, welche zur Herstellung der Reserven dienen, sie werden jedoch anders angewendet. Dieselben wirken entweder in der Weise, daß sie die Farblacke zersetzen und mit dem Farbstoff oder der Beize, welche hierdurch frei geworden sind, lösliche Verbindungen bilden wie Natriumhydroxyd, Weinsäure, Oxalsäure, Citronensäure usw., oder dadurch, daß sie die Farblacke vollständig zerstören oder chemisch so verändern, daß die Zersetzungsprodukte durch Waschen entfernt werden können wie Hydroxylamin, Chromsäure, Kaliumpermanganat, Salpetersäure usw. Wenn man das

Gewebe mit einer verdickten Lösung einer Aluminium- oder Eisenbeize klotzt und nach dem Trocknen eine verdickte Lösung von Citronensäure überdruckt, so bilden sich an allen den Stellen, wo Aluminium oder Eisensalz mit der Citronensäure, welche im Überschuß vorhanden ist, zusammentreffen, die leicht löslichen citronensauren Salze dieser Metalle. Bei den darauffolgenden Operationen, dem Trocknen, Hängen und Dämpfen, kann wegen der Nichtflüchtigkeit der Citronensäure eine Befestigung der Metalloxyde nicht eintreten, und in dem Befestigungsbade oder dem Waschbade gehen die citronensauren Salze in Lösung, gleichviel welche Befestigungsmittel für die anderen, gleichzeitig angewendeten Beizen angewendet werden. Denn weder Natriumphosphat, noch Natriumsilicat oder Ammoniumcarbonat scheiden die Metalloxyde aus ihren citronensauren Salzen aus. Da sich aber nach dem Waschen an den mit Enlevagen bedruckten Stellen kein Metalloxyd vorfindet, so müssen diese Stellen nach erfolgtem Färben der Stücke weiß erscheinen.

Als Reservage unter Eisenchamois druckt man eine konzentrierte Lösung von Kaliumarsenat, welches mit Ton und Seife verdickt worden ist. Die arsensauren und fettsauren Salze fällen das Eisen, bevor es in die Faser eindringen kann und der Ton verhindert gleichzeitig mechanisch das Eindringen der Eisenlösung. Denselben Zweck erreicht man durch Anwendung von Citronensäure, welche an den damit bedruckten Stellen die Fällung des Ferrihydroxyds verhindert. Als Enlevage kann man auf das mit einem Ferrosalze imprägnierte Gewebe eine mit gebrannter Stärke verdickte Lösung von Citronensäure und saurem Natriumsulfat aufdrucken. Das an den bedruckten Stellen entstandene Doppelsalz von citronensaurem und schwefelsaurem Eisennatrium scheidet beim Hängen im Oxydationsraume kein Ferrihydroxyd ab, sondern kann durch Waschen entfernt werden.

Zum Avivieren der Seide, das dieser den bekannten krachenden Griff gibt, wurde von Böhringer[1]) an Stelle der bisher verwendeten Citronensäure oder Weinsäure die Milchsäure empfohlen, weil sie billiger ist und auch sonstige technische Vorteile aufweist.

---

[1]) Böhringer, Ztschr. Farb. Ind. 1910, 237, 253.

## *Verwendungen in der Medizin.*

In der Medizin hat sich die Citronensäure sowohl wie der Citronensaft als ein sehr gutes Mittel gegen den Skorbut erwiesen. Infolge hiervon hat die englische Admiralität eine Verordnung erlassen, welche alle Schiffe, die die Polargegenden bereisen, verpflichtet, eine gewisse Menge Citronensaft zu führen und die Bemannung der Schiffe damit zu versehen. Der Saft wird zu diesem Zwecke gekocht, geklärt, auf Flaschen gefüllt und mit einer Schicht Olivenöl bedeckt. Manchmal fügt man auch 10 % Weingeist hinzu, um die Haltbarkeit zu erhöhen. Durch klinische Beobachtungen ist wahrscheinlich gemacht, daß die skorbutähnliche Barlowsche Krankheit der Säuglinge zum Teil durch Genuß gekochter Milch herbeigeführt wird, und, ebenso wie Skorbut selbst, durch Anwendung citronensäurehaltiger Säfte bekämpft werden kann. Äußerlich benutzt man die Citronensäure außerdem gegen Krebsgeschwüre, Diphtheritis und Sommersprossen.

Citronenkur, Citronensaftkur, nennt man eine Kur gegen gichtische und rheumatische Leiden, bestehend im täglichen Genuß des Saftes von 12—24 und mehr Citronen. Die Citronensäure besitzt eine harntreibende und steinauflösende Kraft. Übermäßiger innerlicher Gebrauch von Citronensäure erzeugt Verdauungsstörungen, Schwäche und Anämie.

Das deutsche Arzneibuch hat außer der reinen Citronensäure nur drei Citronensäurepräparate aufgenommen. Außer diesen führt Hager[1]) in seinem Handbuch der pharmazeutischen Praxis noch eine Reihe von anderen Präparaten auf, von denen nachstehend einige erwähnt werden mögen.

Ferrum citricum erhält man beim Lösen von Ferrihydroxyd in Citronensäure und bildet eine braunrote, in Wasser leicht lösliche Masse. Nach Vorschrift des deutschen Arzneibuches ist die Verbindung in folgender Weise herzustellen. 25 Teile Eisenchloridlösung werden mit 100 Teilen Wasser gemischt und in ein Gemisch von 25 Teilen Salmiakgeist und 75 Teilen Wasser eingegossen, wobei ein kleiner Überschuß von Ammoniak vorhanden sein soll. Der erhaltene Niederschlag wird zunächst durch wiederholte Zugabe von Wasser, und nach dem Absetzen durch vorsichtiges Abgießen der klar überstehenden Flüssigkeit, dann auf

[1]) **Hager**, Handb. pharm. Prax. **2**, 393.

einem Filter solange ausgewaschen, bis einige Tropfen des mit Salpetersäure angesäuerten Filtrates durch Silbernitratlösung höchstens noch opalisierend getrübt wird. Der ausgewaschene und gut abgetropfte Niederschlag wird in eine Lösung von 9 Teilen Citronensäure in 10 Teilen Wasser eingetragen und bei gewöhnlicher Temperatur bis zur nahezu vollständigen Lösung stehen gelassen. Die Lösung wird filtriert, das Filtrat bis zur Sirupdicke eingedampft und der Sirup bei derselben Temperatur auf Glasplatten ausgestrichen und getrocknet. Das Präparat bildet dünne durchscheinende Blättchen von rubinroter Farbe und von schwachem Eisengeschmack. Es ist vor Licht geschützt aufzubewahren.

Chininum ferrocitricum. Nach Vorschrift des deutschen Arzneibuches werden zur Darstellung dieses Salzes 6 Teile Citronensäure in 500 Teilen Wasser gelöst. Dann werden 3 Teile Eisenpulver hinzugesetzt. Nachdem die Mischung unter öfterem Bewegen 48 Stunden im Wasserbade digeriert worden ist, wird filtriert, das Filtrat zu dünner Sirupdicke eingedampft und nach dem Erkalten mit 1 Teil Chinin versetzt, welches aus 1,3 Teilen schwefelsaurem Chinin durch Natronlauge frisch gefällt worden ist. Nach völliger Lösung des Chinins wird die Flüssigkeit auf warme Glasplatten ausgebreitet und getrocknet. Man erhält so glänzende, durchscheinende rotbraune Blättchen von eisenartigem und bitterem Geschmack, die in Wasser langsam, aber in jedem Verhältnis löslich sind. Die Masse ist kein chemisch gebundenes Doppelsalz. Sie kann sowohl Ferrisalz, als auch Ferrosalz enthalten. Chininum ferrocitricum ist eins der besten Tonica für verzögerte Rekonvaleszenz mit sekundärer Unterernährung.

Da die Herstellung von Citras ferricus cum Chininae als Lamellen geformt, sehr oft mißlingt, indem einige angeben, daß man eingefettete Platten anwenden muß, während andere der entgegengesetzten Ansicht sind, ist Möller[1]) nach zahlreichen Versuchen durch Kombination dieser verschiedenen Angaben zu dem Resultate gekommen, daß eine Auflösung, die genau nach der Pharmakopoea Danica zubereitet war, schöne große Lamellen bei dem Ausbreiten in dünnen Schichten auf Glasplatten, welche sorgfältig mit verdünnter Schwefelsäure und Alkohol gereinigt und mit Talkpulver poliert waren, gab. Das Eintrocknen wird

---

[1]) Möller, Arch. Pharmaci og Chemi 1896, 366.

bei gewöhnlicher Temperatur vorgenommen und die Lamellen werden soweit als möglich von den Platten geschlagen.

Magnesium citricum. Ein zu Pulver zerriebenes Gemisch von 105 Teilen Citronensäure und 30 Teilen gebrannter Magnesia wird in einem Porzellangefäß im Sandbade bei 100—105° vorsichtig geschmolzen, die noch weiche Masse auf eine Porzellanplatte ausgegossen und nach dem Erkalten zu feinem Pulver zerrieben.

Liquor magnesii citrici. In eine kalte Lösung von 35 Teilen Citronensäure in 160 Teilen destilliertem Wasser werden unter Umrühren 10 Teile gebrannte Magnesia eingetragen und die Flüssigkeit nach einer Viertelstunde filtriert.

Magnesium citricum effervescens. Es werden 25 Teile Magnesiumcarbonat, 75 Teile feinst gepulverte Citronensäure und 10 Teile Wasser innig gemischt und bei 30° ausgetrocknet. Der Rückstand wird fein gepulvert und gemischt mit 85 Teilen Mononatriumcarbonat, 40 Teilen Citronensäure und 20 Teilen Zucker. Die Masse wird unter Besprengen mit Weingeist und leichtem Reiben mit dem Pistill in eine körnig krümmelige Masse verwandelt, welche, nachdem sie bei gelinder Wärme getrocknet ist, durch Absieben zu einem feinkörnigen Pulver gebracht wird.

Magnesium citricum effervescens cum ferro. Ein gepulvertes Gemisch von 30 Teilen Mononatriumcarbonat, 20 Teilen krystallisiertem Magnesiumcarbonat, 20 Teilen Citronensäure, 20 Teilen Weinsäure und 5 Teilen entwässertem Ferrosulfat wird im Wasserbade erwärmt, bis es in eine krümelige oder körnige Masse verwandelt ist. Diese wird durch Sieben in einem Durchschlage mit 1—2 mm weiten Öffnungen in Körnerform übergeführt.

Magnesium borocitricum. Boracites citratus Becker. 30 Teile gebrannte Magnesia, 100 Teile Borsäure, 10 Teile Wasser, durch Verreiben innig gemischt, werden mit 30 Teilen Chlorwasserstoffsäure von 1,124 Dichte gemischt und mit soviel Weingeist gemischt, bis ein halbflüssiger Brei entsteht, dem 60 Teile gepulverte Citronensäure zugefügt werden. Die Masse wird dünn ausgebreitet, in Porzellanschalen an einem warmen Orte getrocknet und gepulvert.

Potio riveri. Es werden 4 Teile Citronensäure in 190 Teilen Wasser gelöst, dazu 9 Teile Natriumcarbonat in kleinen Krystallen. Sobald die Krystalle nach gelindem Umschütteln sich gelöst haben, wird die Flasche verschlossen. Das Präparat ist nur zu unmittelbarer Dispensation zu bereiten.

Limonade purgative gazeuse en poudre. 8 Teile gebrannte Magnesia, 11,3 Teile Borsäure, durch Zerreiben gemischt, werden mit einer Lösung von 26 Teilen Citronensäure in 30 Teilen kochendem Wasser übergossen und die Mischung durch Verdampfen zur Trockne gebracht. Der fein gepulverte Rückstand wird mit 74 Teilen gepulvertem Zucker, 10 Teilen gepulverter Citronensäure und 5 Teilen gepulvertem Mononatriumcarbonat versetzt.

Ein Verfahren der Gesellschaft „Nutricia" [1]) zur Gewinnung wasserlöslicher Kaseinverbindungen mittelst citronensaurer Salze verfolgt den Zweck, das Kasein auf einfache Art in ein lösliches schmackhaftes Dauerprodukt überzuführen. Im Trinatriumcitrat wurde ein vorzügliches Mittel gefunden, welches das Kasein teilweise zu lösen gestattet. Dieses Salz besitzt gegenüber den meisten anderen Kasein lösenden Alkalien den Vorteil, daß eine nachteilige Geschmacksveränderung dadurch nicht bewirkt wird. Als passendste Menge wurden 2,5 g Natriumcitrat pro Liter Milch gefunden. Um ein Gerinnen der Lösung bei stärkerem Erhitzen zu vermeiden, ist nur nötig, daß das Natriumcitrat schwach alkalisch auf Lackmus reagiert, oder man verwendet pro Liter Milch 2,5 g neutrales Natriumcitrat und etwa 0,25 g Natriumbicarbonat, oder 1,5 g neutrales Natriumcitrat und ungefähr 1,0 g Trinatriumphosphat.

Unter der Bezeichnung Citarin bringen die Farbenfabriken Bayer [2]) anhydromethylencitronensaures Natrium in den Verkehr. Das Präparat läßt nach Lorenzen [3]) hinsichtlich der Haltbarkeit sehr zu wünschen übrig. Die nach einem patentierten Verfahren der Farbenfabriken Bayer [4]) dargestellten Alkylester der Methylencitronensäure sind wertvolle Heilmittel, die sich von der freien Säure dadurch unterscheiden, daß sie geschmacklos sind und nicht sauer reagieren. Sie sind besonders deshalb wertvoll, weil sie den Magen nicht reizen, außerdem im Gegensatz zu der Methylencitrylsalicylsäure äußerlich anwendbar sind.

---

[1]) Gesellschaft „Nutricia", Ztschr. angw. Chem. 1900, 1249; D.R.P. 11 5958.

[2]) Farbenfabriken Bayer, Chem. Zentralbl. 1902, I, 299; 1908, I, 1589.

[3]) Lorenzen, Apoth. Ztg. 1909, 478.

[4]) Farbenfabriken Bayer, Ztschr. angew. Chem. 1909, 1807.

Ferrocitrate werden jetzt vielfach therapeutisch verwandt, doch stellt man ihrer leichten Oxydierbarkeit wegen nur Lösungen der Citrate dar. Barbano[1]) beschrieb einen Apparat zur Darstellung von Ferrocitraten und ihre Filtration ohne Zutritt von Luft, der jedoch, wie er selbst hervorhebt, noch verbesserungsfähig ist. Wegen der Einzelheiten des Apparates sei auf das Original verwiesen. Barbano[2]) beschrieb ferner die Darstellung von Ferroammoniumcitrat aus 210 g krystallisierter Citronensäure und 56 g Eisen bzw. 246 g Ferrocitrat und 17 g Ammoniak, sowie die geeigneter Sirupe, die möglichst wenig Ferrisalz enthalten.

Zur Darstellung von Lithiumtricitrat in absoluter chemischer Reinheit für den pharmazeutischen Gebrauch werden nach Szirmay und Arany[3]) die Carbonate und Hydroxyde des Lithiums und Natriums mit einer gewissen Menge Citronensäure behandelt, welche notwendig ist, um ein Tricitratdoppelsalz des Lithiums und Natriums zu bilden. Es wird zu diesem Zweck gereinigtes Natriumhydroxyd und chemisch reines Lithiumcarbonat zusammen in Wasser gelöst und von dieser Lösung in proportionalem Verhältnis zu einer Citronensäurelösung gegeben. Das Ganze wird längere Zeit gekocht und durch Eindampfen zur Krystallisation gebracht. Das Salz hat die Zusammensetzung $Li_2NaC_6H_5O_7$.

## *Verwendungen in der chemischen Analyse.*

Eine bekannte Verwendung der Citronensäure in der chemischen Analyse ist die zur Bestimmung der Phosphorsäure. Zu Märcker-Bührings[4]) Reagens für Phosphorsäurebestimmungen löst man 1500 g Citronensäure in Wasser, gibt 5 Liter 24 % iges Ammoniak zu und ergänzt die Mischung mit Wasser zu 15 Liter. Luffs[5]) Reagens auf Glykose ist eine Modifikation von Fehlings Reagens, nach welcher an Stelle von Weinsäure Citronensäure verwendet wird. Zur Darstellung löst man 35,9 g Kupfercitrat (nach Mercks Index) in einer Lösung von 63 g Citronensäure unter Erwärmen und gibt nach dem Erkalten 67,2 g Kalium

[1]) Barbano, Boll. Chim. Farm. 45, 667.
[2]) Barbano, Boll. Chim. Farm. 45, 778.
[3]) Szirmay und Arany, Chem. Ztg. 1910; Rep. 466. Fr. P. 413 161.
[4]) Märcker und Bühring, Ztschr. analyt. Chem. 1896, 229; 1897, 800.
[5]) Luff, Ztschr. analyt. Chem. 38, 778; 42, 116.

hydroxyd zu. Grimbert-Dufaus[1]) Reagentien zur Unterscheidung von Eiweiß und Schleim im Harn sind: erstens eine Lösung von 100 g Citronensäure in 75 ccm Wasser, zweitens konzentrierte Salpetersäure.

Manns[2]) Reagens auf Wasser in Alkohol oder Äther: 2 Teile Citronensäure und 1 Teil Molybdänsäure werden geschmolzen, in Wasser gelöst und mit dieser Lösung Filtrierpapier getränkt. Dieses Papier ist nach dem Trocknen blau gefärbt. Durch wasserhaltigen Alkohol oder Äther wird das Papier entfärbt. Pateins[3]) Reagens auf Eiweiß im Harn: Man löst 250 g Citronensäure und 50 g 90%igen Weingeist in Wasser und der zur Neutralisation nötigen Menge Ammoniak zu einem Liter. Auf 10 ccm sauren oder angesäuerten Harn gibt man 1 ccm Reagens und erwärmt. Bei Anwesenheit von Eiweiß entsteht eine Trübung. Rieglers[4]) Reagens auf Eiweiß und Albumosen: Man löst 4 g $\beta$-naphtholdisulfosaures Aluminium (Alumnol) und 4 g Citronensäure in 100 ccm Wasser. 10 ccm der zu prüfenden Flüssigkeit versetzt man mit 20—30 Tropfen Reagens. Eiweiß bewirkt eine Trübung, die sich beim Erwärmen nicht löst. Albumosen bewirkt eine Trübung, die beim Erwärmen verschwindet. Skeys[5]) Reaktion auf Kobaltsalze: Versetzt man eine Kobaltlösung mit Citronensäure oder Weinsäure, überschüssigem Ammoniak und Kaliumferricyanidlösung, so färbt sich die Lösung dunkelrot. Baskerville und Turrentine[6]) benutzen Citronensäure zur Darstellung reiner Praseodymverbindungen. Nach der Citratmethode sollen reine Praseodymverbindungen in wenigen Stunden erhalten werden können, während die bekannten Methoden Wochen und Monate erfordern. Ammoniumcitrat ist nach Mène[7]) zur Bestimmung der Phosphorsäure in Phosphoriten nicht brauchbar. Über Anwendung von Citronensäure zur Trennung von Zink und Nickel: Beilstein[8]). Über die Fehlerquellen bei der Anwendung der citromechanischen Bestimmungsmethode der Phosphorsäure und

---

[1]) Grimbert und Dufau, Journ. pharm. et chim. 1906, 193.

[2]) Mann, Arch. Pharm. (3) 17, 122. Ztschr. analyt. Chem. 24, 206.

[3]) Patein, Pharm. Ztg. 1903, 902.

[4]) Riegler, Pharm. Zentralh. 1897, 379.

[5]) Skey, Ztschr. analyt. Chem. 6, 227; 8, 207.

[6]) Baskerville und Turrentine, Journ. Americ. chem. soc. 26, 46.

[7]) Mène, Ber. deutsch. chem. Ges. 8, 1263.

[8]) Beilstein, Ber. deutsch. chem. Ges. 11, 1715, 1848.

über den Einfluß der Citronensäure auf die Fällbarkeit von Kieselfluorwasserstoffsäure: Guerry und Toussaint[1]). Über die Bestimmung der citratlöslichen Phosphorsäure in Thomasmehlen mittelst freier Citronensäure: Passon[2]).

## *Sonstige Verwendungen.*

In der Lederfabrikation, insbesondere in der Chromgerberei dient die Citronensäure zum Reinigen des Narbens. Die gefärbten, geschwärzten und geschliffenen Leder werden, wenn genügend weich und hinreichend trocken, auf dem Narben mit einer kalten 1 % igen Citronensäurelösung abgewichst und mit einem reinen Flanelllappen trocken und völlig rein abgerieben, wodurch derselbe tadellos rein und sauber wird.

In der Photographie wird Citronensäure zur Bereitung von Goldtonfixierbädern gebraucht. Man löst 666 g Natriumthiosulfat in 2660 ccm destilliertem Wasser. Darin löst man 73 g Ammoniumrhodanid, 20 g Alaun, 20 g Citronensäure, 26 g Bleiacetat und 26 g Bleinitrat. Darauf gibt man 1 g Goldchlorid in 200 ccm Wasser gelöst hinzu, und filtriert nach einiger Zeit.

Nach Riegel[3]) kann die Citronensäure zugleich mit Besonnung als Desinfektionsmittel für TrinkwasserVerwendung finden, namentlich in tropischen und subtropischen Gegenden, wo die bewährten Wassersterilisierungsmittel wie Kochen und Ozon nicht anwendbar sind. Dagegen ergaben Versuche von Luerssen[4]), daß die für die Milch in Betracht kommenden Krankheitskeime durch Säuerung der Milch mit Citronensäure zur Desinfektion der Milch in keinem Falle empfohlen werden kann.

Über die Verwendung von Natriumcitrat im Dienste von Untersuchungen über Phagocytose gibt Hekma[5]) als Hauptresultate seiner Versuche die folgenden an. Das Pferdeblut läßt sich während einer für die Leukocytensammlung genügend langen Zeit flüssig erhalten, wenn das Blut aufgefangen wird in einer gleichen Menge einer 0,4 % igen Lösung von Natriumcitrat in physiologischer Kochsalzlösung. Das phagocitäre Vermögen der

[1]) Guerry und Toussaint, Bull. de la Soc. Chim. de Belgique 20, 167.
[2]) Passon, Ztschr. angew. Chem. 1896, 677.
[3]) Riegel, Arch. Hyg. 61, 217.
[4]) Luerssen, Deutsche med. Presse 11, 139.
[5]) Hekma, Biochem. Ztschr. 9, 512; 11, 177.

Pferdeblutleukocyten bleibt ganz intakt, wenn die Leukocyten, nachdem während einer gewissen Zeit eine 0,2 % ige Citratkochsalzlösung auf sie eingewirkt hat, in physiologischer Kochsalzlösung ausgewaschen werden und in letzterer Lösung zur Verwendung kommen.

Zu Genußzwecken kann man den Citronensaft vollständig ersetzen durch eine Auflösung von 1 Teil Citronensäure in 15 Teilen Wasser, wenn man mit sehr geringer Menge sehr guten Citronenöls das fehlende Aroma ersetzt. Doch muß man überall, wo Citronenöl zu Speisen oder Getränken benutzt werden soll, sehr vorsichtig sein, weil verharztes Öl, selbst in geringer Menge hinzugefügt, denselben den widerlichsten Geschmack erteilt. Wird eine Citronensäurelösung oder geklärter Citronensaft mit Zucker verkocht, so erhält man Citronensirup, der bisweilen in der Medizin verwandt wird.

## 7. Derivate.

Als dreibasische Säure liefert die Citronensäure drei Reihen von Salzen. 1. Salze einwertiger Metalle:

$$C_3H_4(OH)\left\{\begin{array}{l}COOLi^{\cdot}\\ COOH\\ COOH\end{array}\right.\qquad C_3H_4(OH)\left\{\begin{array}{l}COONa^{\cdot}\\ COONa^{\cdot}\\ COOH\end{array}\right.$$

Primäres Lithiumcitrat
Monolithiumcitrat
$LiC_6H_7O_7$

Secundäres Natriumcitrat
Dinatriumcitrat
$Na_2C_6H_6O_7$

$$C_3H_4(OH)\left\{\begin{array}{l}COOK^{\cdot}\\ COOK^{\cdot}\\ COOK^{\cdot}\end{array}\right.$$

Tertiäres Kaliumcitrat
Trikaliumcitrat
$K_3C_6H_5O_7$

2. Salze zweiwertiger Metalle:

$$\begin{array}{l}C_3H_4(OH)\left\{\begin{array}{l}COO-\\ COOH\\ COOH\end{array}\right.\\ \qquad\qquad\qquad\quad Sr^{\cdot\cdot}\\ C_3H_4(OH)\left\{\begin{array}{l}COO-\\ COOH\\ COOH\end{array}\right.\end{array}\qquad \begin{array}{l}C_3H_4(OH)\left\{\begin{array}{l}COO-\\ COO-\\ COO-\end{array}\right.\begin{array}{l}Ca^{\cdot\cdot}\\ \\ Ca^{\cdot\cdot}\end{array}\\ C_3H_4(OH)\left\{\begin{array}{l}COO-\\ COO-\\ COO-\end{array}\right.\begin{array}{l}\\ Ca^{\cdot\cdot}\end{array}\end{array}$$

Primäres Strontiumcitrat
$Sr(C_6H_7O_7)_2$

Tertiäres Calciumcitrat
$Ca_3(C_6H_5O_7)_2$

$$C_3H_4(OH)\begin{cases}COO- \\ COO- \end{cases}Ba^{\cdot\cdot} \\ \quad COOH$$

Secundäres Baryumcitrat

$BaC_6H_6O_7$

3. Salze dreiwertiger Metalle:

$$C_3H_4(OH)\begin{cases}COO- \\ COOH \\ COOH\end{cases}$$
$$C_3H_4(OH)\begin{cases}COO- \\ COOH \\ COOH\end{cases}Al^{\cdot\cdot\cdot}$$
$$C_3H_4(OH)\begin{cases}COO- \\ COOH \\ COOH\end{cases}$$

Primäres Aluminiumcitrat

$Al(C_6H_7O_7)_3$

$$C_3H_4(OH)\begin{cases}COO- \\ COO- \\ COOH\end{cases}$$
$$Fe^{\cdot\cdot\cdot}$$
$$C_3H_4(OH)\begin{cases}COO- \\ COO- \\ COOH\end{cases}$$
$$Fe^{\cdot\cdot\cdot}$$
$$C_3H_4(OH)\begin{cases}COO- \\ COO- \\ COOH\end{cases}$$

Secundäres Ferricitrat

$Fe_2(C_6H_6O_7)_3$

$$C_3H_4(OH)\begin{cases}COO- \\ COO-Cr^{\cdot\cdot\cdot} \\ COO-\end{cases}$$

Tertiäres Chromicitrat

$CrC_6H_5O_7$

4. Salze vierwertiger Metalle:
   Primäres Thoriumcitrat Th $(C_6H_7O_7)_4$,
   Secundäres Thoriumcitrat Th $(C_6H_6O_7)_2$,
   Tertiäres Thoriumcitrat $Th_3$ $(C_6H_5O_7)_4$.

Ähnliche Verbindungen entstehen mit Alkylradikalen. Die entsprechenden Äthylverbindungen sind:

$$C_3H_4(OH)\begin{cases}COOC_2H_5 \\ COOH \\ COOH\end{cases}$$

Primärer citronsaurer Äthyläther
Äthylcitronensäure

$$C_3H_4(OH)\begin{cases}COOC_2H_5 \\ COOC_2H_5 \\ COOH\end{cases}$$

Secundärer citronsaurer Äthyläther
Diäthylcitronensäure

$$C_3H_4(OH)\begin{cases}COOC_2H_5 \\ COOC_2H_5 \\ COOC_2H_5\end{cases}$$

Tertiärer citronensaurer Äthyläther
Triäthylcitronensäure

Wird der Wasserstoff des im Radikal enthaltenen Hydroxyls durch ein Säureradikal vertreten, so entstehen dreibasische Säuren, so

$$C_3H_4(O.NO_2)\begin{cases}COOH\\COOH\\COOH\end{cases} \qquad C_3H_4(O.C_2H_3O)\begin{cases}COOH\\COOH\\COOH\end{cases}$$

Nitrylcitronensäure Acetylcitronensäure

Die Citronensäure bildet eine große Reihe von Salzen, von denen die Citrate der Alkalimetalle in Wasser leicht, die der anderen Metalle, namentlich die neutralen Salze, schwer löslich sind. Nach Maystre[1]), der über die Citrate von Baryum, Strontium, Calcium, Blei, Mangan und Zink gearbeitet hat, besitzen alle diese Krystallwasser. Von hervorragendem Interesse sind die Löslichkeitskurven dieser Salze in Wasser. Während bei den Citraten von Calcium, Blei und Zink mit Zunahme der Temperatur die Löslichkeit abnimmt, zeigt sich bei Baryum Zunahme der Löslichkeit, bei Strontium zuerst Zunahme, dann Abnahme, auch bei Mangan zuerst Zunahme, dann Abnahme der Löslichkeit.

Nach Versuchen von Parrozzani[2]) ist Monocalciumcitrat in wässeriger Lösung geneigt, sich zu hydrolysieren unter Bildung von Citronensäure und Dicalciumcitrat. Die Hydrolyse ist um so größer, je stärker die Verdünnung ist und wird bei Siedetemperatur vollkommen. Ebenso hat das Dicalciumcitrat die Neigung, sich infolge Hydrolyse in Citronensäure und Tricalciumcitrat zu verwandeln. Wird eine Citronensäurelösung mit weniger Calciumoxyd als für die Bildung des Monocalciumsalzes nötig ist, versetzt, und dann Weingeist zugefügt, so schlägt sich Tricalciumcitrat nieder. Dies deutet darauf hin, daß in der Lösung die Hydrolyse des Monocalciumsalzes in Dicalciumsalz, und die des Dicalciumsalzes in Tricalciumsalz schon im Gange ist. Der Zusatz von Weingeist zwecks Ausfällung des Tricalciumcitrates, hebt das Gleichgewicht auf und bewirkt ein weiteres Fortschreiten der Hydrolyse. Die Citrate des Baryums sind weniger hydrolysierbar als die des Calciums. Für die Dissoziationskonstanten der Citronen säure und deren Calciumsalze wurden folgende Werte gefunden: Citronensäure, konst. 0,04206. Monocalciumcitrat, konst. 0,005880. Dicalciumcitrat, konst. 0,002042. Parrozzani wies darauf hin, daß diese Werte beinahe im Verhältnis stehen zu den in den ent-

[1]) Maystre, Chem. Ztg. 1905. 199.

[2]) Parrozzani, Chem. Ztg. 1909, 1283.

sprechenden Molekeln anwesenden Wasserstoffionen; sie geben daher ein ziemlich genaues Maß der entsprechenden Ionisation.

Aus Citronensäure und Paraphenetidin erhielt Anselmino[1]), gleichgültig, welche Molekularverhältnisse er anwendete, immer nur das zweifach saure Salz, das Monophenetidincitrat. Er studierte deshalb die Frage, ob das eine Eigentümlichkeit der Citronensäure und des Paraphenetidins sei, oder ob alle aromatischen Basen mit mehrbasischen Oxysäuren nur saure Salze geben. Es fand sich das durch Versuche mit Anilin, Paratoluidin, Pseudocumidin, Paraanisidin und Paraphenetidin auch bestätigt. Diese lieferten nur saure Tartrate und zweifach saure Citrate. Basen mit aliphatisch gebundener Amidogruppe dagegen, Benzylamin und Äthylamin, gaben mit Weinsäure je nach den molekularen Verhältnissen die normal zu erwartenden sauren und neutralen Salze.

In Ammoniumcitratlösung ist Tricalciumphosphat nach Barillé[2]) keineswegs unlöslich. Diesbezügliche Versuche ergaben, daß von 100 ccm neutraler Ammoniumcitratlösung im Mittel 4,10 g Dicalciumphosphat + 4 $H_2O$ und 1,40 g getrocknetes Tricalciumphosphat gelöst werden. Das frisch gefällte, noch gelatinöse Tricalciumphosphat ist löslicher, als das getrocknete; nach dem Glühen ist es völlig unlöslich. Ebenso ist das Dicalciumphosphat mit 4 $H_2O$ löslicher als dasjenige, welches nur Konstitutionswasser enthält.

Sättigt man nach Barillé[3]) eine Ammoniumcitratlösung mit Dicalciumphosphat und läßt die Flasche an der Luft stehen, so krystallisieren nach einiger Zeit homogene Pyramiden aus. Beschleunigt man die Verdunstung durch kurzes Erhitzen auf dem Wasserbade, so entsteht eine Masse von kompakten homogenen Nadeln. Es dürfte sich um Tri- und Diammoniumcalciumcitrophosphate, also um wirkliche Doppelsalze handeln. Tricalciumphosphat bildet analoge Verbindungen.

Die Unlöslichkeit von Ammoniumoxalat und die Löslichkeit von Calciumoxalat in Ammoniumcitratlösung, welche Eigenschaften sich bei der Prüfung auf Oxalsäure in Citronensäure nach dem niederländischen Arzneibuch unliebsam bemerkbar machten, gaben Italie[4]) Veranlassung zu Untersuchungen mit Ammonium- und

---

[1]) Anselmino, Ber. deutsch. pharm. Ges. 1903, 151.

[2]) Barillé, Journ. Pharm. Chim. (6) 27, 437.

[3]) Barillé, Chem.Zentralbl. 1908, I, 2130.

[4]) Italie, Ztschr. anorgan. Chem. 1908, 358.

Calciumcitraten bei 30°. Hierbei wurden im System $NH_3$ — $C_6H_8O_7$ — $H_2O$ bei 30° nur bekannte Salze aufgefunden. Dagegen wurde keines der drei Calciumsalze, die in der Literatur beschrieben sind, nachgewiesen. Über die Möglichkeit der Existenz von Tricitraten gaben die Versuche des Verfassers keinen Aufschluß. Dagegen sind zwei bisher noch nicht bekannte Salze, das 1-Citrat mit 3 $H_2O$, und das 2-Citrat mit 4 $H_2O$ nachgewiesen worden.

Bei der Einwirkung von Citronensäure auf metallisches Eisen erhielt Ulsch [1]) ein Volumen Wasserstoff, welches zu dem aus den drei Carboxylgruppen sich sonst entwickelten sich annähernd verhielt wie 4 : 3. Zweifellos wird daher in der Citronensäure außer den drei Carboxylwasserstoffatomen auch noch das Wasserstoffatom des Alkoholhydroxyls durch Eisen unter Wasserstoffaustritt direkt ersetzt unter Bildung des Salzes

$$\begin{array}{l} CH_2\text{—}COO\diagdown \\ | \qquad\qquad\qquad \diagdown \\ C{<}{}^{O}_{COO}{>}Fe \quad {>}Fe \\ | \qquad\qquad\qquad \diagup \\ CH_2\text{—}COO\diagup \end{array}$$

Untersuchungen von Dony [2]) über oxydierende Katalyse ergaben, daß durch Citrate, wie auch durch Tartrate die oxydierenden Katalysen beschleunigt werden, da diese Salze hydrolysiert werden und demnach die Ionenmenge größer wird, so bei der Überführung von Guajacol zu Tetraguajacochinon.

Einwirkung von Eisenchlorid auf Kaliumcitrat (in Mixturen): Die Unverträglichkeiten von Eisenchlorid mit leicht oxydierbaren Stoffen, wie Alkalijodiden, wird dadurch nicht gehoben, daß man es mit Kaliumcitrat in Wasser auflöst. Nach der Gleichung: $FeCl_3 + K_3C_6H_5O_7 + H_2O = K_2FeO \cdot C_6H_5O_7 + KCl + 2\,HCl$ setzen sich Eisenchlorid und das Citrat um, und in Wirklichkeit hat man nach Duncan [3]) nur eine Lösung von Kaliumferricitrat, Kaliumchlorid und freier Citronensäure, die keine reduzierende Wirkung mehr äußern.

Natriumcitrat erwies sich nach Wohlwill [4]) an Säugetieren, sowohl bei subkutaner, als bei intravenöser Injektion als vollkommen indifferent. Die Wirkung von Citraten des Nickels,

---

[1]) Ulsch, Chem. Ztg. 1899, 658.

[2]) Dony, Chem. Ztg. 1909, 33.

[3]) Duncan, Pharmaceutical Journal (4) 21, 861.

[4]) Wohlwill, Arch. pathol. Pharmakol. 56, 403.

Kobalts und Mangans bestand darin, daß sie stets eine Kapillarhyperämie des Magendarmtraktus hervorriefen. Die Vergiftungserscheinungen sind identisch mit denen durch Arsenik, nur sind die Metalle der Eisengruppe vom Magendarmkanal aus nicht resorbierbar. Nach Auer[1]) hat Natriumcitrat, subkutan und intravenös angewendet, keine purgative Wirkung bei Kaninchen. Das Salz ruft eine mäßige, aber deutliche Peristaltik des Darmes hervor. Über die Einwirkung von Purgativsalzen (Natriumcitrat) auf Kaninchen und die Gegenwirkung durch Calcium: Mac Callum[2]).

Bildungswärme citronensaurer Salze[3]).

| Name | Komponenten | Entwickelte Wärme | | |
|---|---|---|---|---|
| | | Alles gelöst | Produkt fest | Alles fest |
| Na-citrat | $C_6H_8O_7$ + NaOH | +12,6 | +19,0 | +26,5 |
| " | " 2 NaOH | +25,4 | +26,6 | +45,2 |
| " | " 3 NaOH | +38,6 | +33,3 | +62,8 |
| " | " 4 NaOH | + 0,8 | — | — |
| K-citrat | " + KOH | +12,7 | +20,7 | +30,6 |
| " | " 2 KOH | +25,4 | +32,1 | +55,9 |
| " | " 3 KOH | +38,7 | +35,9 | +73,4 |
| " | " 4 KOH | + 0,2 | +35,9 | — |
| Am-citrat | " + $NH_3$ | +11,2 | +35,9 | — |
| " | " 2 $NH_3$ | +22,4 | +35,9 | — |
| " | " 3 $NH_3$ | +34,0 | +35,9 | — |
| " | " 4 $NH_2$ | + 0,2 | +35,9 | — |
| Ba-citrat | 2 $C_6H_8O_7$ + $Ba(OH)_2$ | +26,7 | +35,9 | — |
| " | " 2 $Ba(OH)_2$ | — | +55,4 | — |
| " | " 3 $Ba(OH)_2$ | — | +85,4 | — |
| " | " 4 $Ba(OH)_2$ | — | + 1,4 | — |

## *Citrate.*

**Ammoniumcitrat.** $(NH_4)_3C_6H_5O_7 + H_2O$, nach Sestini[4]) sehr zerfließliche monokline Krystalle. $(NH_4)_2C_6H_6O_7$, nach

[1]) Auer, Americ. Journ. Physiology 17, 15.
[2]) Mac Callum, Chem. Zentralbl. 1904, I, 49.
[3]) Biedermann, Chem. Kal.
[4]) Sestini, Jahresber. d. Chem. 1879, 664.

Heldt[1]) rhombische und monokline Krystalle, Dichte nach Clarke[2]) 1,468 bis 1,486 bei 20 bis 22°. $(NH_4)C_6H_7O_7$, nach Heusser[3]) trikline Krystalle. Ammoniumferricitrat, $(NH_4)_3 Fe(C_6H_5O_7)_2$ nach Rother[4]), grünes Salz, wird in der Medizin verwendet.

**Natriumcitrat.** $Na_3C_6H_5O_7 + 5\frac{1}{2} H_2O$, nach Schabus[5]) rhombische Krystalle, sehr leicht löslich in Wasser, schwer in Alkohol, Dichte nach Clarke[6]) 1,857 bei 23,5°. $Na_2C_6H_6O_7 + H_2O$, nach Heldt[7]) Nadeln. $NaC_6H_7O_7 + H_2O$, nach Heldt Spieße, beide leicht löslich in Wasser. Elektrisches Leitungsvermögen: Ostwald[8]). $Na_2C_6H_6O_7 + 2\frac{1}{2} H_2O$: Salzer[9]). $Na_3C_6H_5O_7 + 3 H_2O$: Salzer.

**Kaliumcitrat.** $K_3C_6H_5O_7 + H_2O$, nach Heldt zerfließliche Nadeln. $K_2C_6H_6O_7$ ist nach Heldt amorph. $KC_6H_7O_7 + 2 H_2O$ nach Heldt große Prismen. Alle drei sind in Wasser leicht löslich. Antimonkaliumcitrat nach Thaulow[10]) $SbK_3(C_6H_5O_7)_2 + 2\frac{1}{2} H_2O$. $(KC_6H_6O_7)_2TeO$ von Klein[11]) aus Citronensäure und Kaliumtellurit erhalten, leicht lösliche Krystalle. Die Darstellung eines Salzes $K_2NaC_6H_5O_7$ oder $KNa_2C_6H_5O_7$ gelang Kämmerer[12]) nicht.

**Calciumcitrat.** $Ca_3(C_6H_5O_7)_2 + 4 H_2O$ entsteht aus Alkalicitrat beim Versetzen mit genügend Calciumchlorid. Der entstehende Niederschlag wird beim Kochen krystallinisch. Freie Citronensäure wird durch überschüssiges Kalkwasser erst beim Kochen gefällt, der Niederschlag löst sich beim Erkalten zum Teil wieder auf. Aus einer Lösung von 1 Teil Calciumacetat in

---

1) Heldt, Ann. Chem. Pharm. 47, 154, 195, 157.

2) Clarke, Ber. deutsch. chem. Ges. 12, 1399.

3) Heusser, Pogg. Ann. Phys. Chem. 88, 122. Jahresber. d. Ch. 1853, 412.

4) Rother, Jahresber. d. Chem. 1876, 565.

5) Schabus, Jahresber. d. Chem. 1854, 402.

6) Clarke, Ber. deutsch. chem. Ges. 12, 1399.

7) Heldt, Ann. Chem. Pharm. 47, 154, 195, 157.

8) Ostwald, Ber. deutsch. chem. Ges. 21, 3534. Ztschr. phys. Chem. 1, 108.

9) Salzer, Pharm. Zentralbl. 1888, 399. Ber. chem. Ges. 21, 1910.

10) Thaulow, Ann. Chem. Pharm. 27, 334.

11) Klein, Ann. chim. phys. (6) 10, 119. Jahresber. d. Chem. 1886, 1352.

12) Kämmerer, Ann. Chem. Pharm. 139, 269; 148, 294, 170, 176, 189; 178, 309.

300 Teilen Wasser wird durch Natriumcitrat nach Kämmerer[1]), erst nach einigen Tagen, ein Niederschlag $Ca_3(C_6H_5O_7)_2 + 7\,H_2O$ gefällt. $CaC_6H_6O_7 + H_2O$: Heldt. $Ca_3(C_6H_5O_7)_2 + 4\,H_2O$ verliert alles Wasser erst bei 185°: Soldaini[2]).

**Baryumcitrat.** $Ba_3(C_6H_5O_7)_2 + 7\,H_2O$, nach Heldt als amorpher Niederschlag beim Vermischen von Alkalicitrat mit einem Baryumsalz. Aus sehr verdünnten Lösungen fällt nach Kämmerer[3]) das Salz mit $5\,H_2O$ aus. Erhitzt man das Salz mit $7\,H_2O$ mehrere Stunden lang mit Baryumacetat auf dem Wasserbade, so geht es nach Kämmerer in ein Salz mit $3\frac{1}{2}\,H_2O$ über, dessen charakteristische Krystallform unter dem Mikroskop erkannt werden kann. Das siebenfach und das fünffach gewässerte Salz gehen beim Digerieren mit Ammoniak auf dem Wasserbade in das $3\frac{1}{2}$ fach gewässerte Salz über.

**Magnesiumcitrat.** $Mg_3(C_6H_5O_7)_2 + 14\,H_2O$ wird durch Auflösen von Magnesia in Citronensäure und Verdunsten der Lösung in der Kälte erhalten. Entsteht ferner beim Fällen eines Gemisches von Citronensäure mit Magnesiumacetat mit Weingeist. Hält bei 150° noch $1\,H_2O$ zurück, wird bei 210° wasserfrei. Ist eine in Wasser sich langsam aber reichlich lösende krystallinische Masse (Abführmittel). Löslich in Ammoniak, die Lösung gibt nach Kämmerer beim Eindampfen zunächst das Salz $Mg_3(C_6H_5O_7)_2 + 9\,H_2O$, dann $Mg_8H_4(C_6H_4O_7)_5 + 3\,H_2O$.

**Zinkcitrat.** $Zn_3(C_6H_5O_7)_2 + 2\,H_2O$ scheidet sich aus der wässerigen Lösung beim Kochen krystallinisch aus. Das einmal ausgeschiedene Salz ist schwer löslich in Wasser. Ammoniumzinkcitrat nach Landrin[4]) $(NH_4)_4Zn(C_6H_5O_7)_2$.

**Cadmiumcitrat.** Das aus kalten Lösungen ausgeschiedene Salz $Cd_3(C_6H_5O_7)_2$ ist amorph, wird bei einigem Stehen krystallinisch und hält $10\,H_2O$. Aus heißen Lösungen wird nach Kämmerer ein amorpher Niederschlag mit $5\,H_2O$ erhalten, der beim Kochen unter Wasser schmilzt und nach mehrstündigem Erhitzen krystallinisch wird.

**Bleicitrat.** $Pb_3(C_6H_5O_7)_2 + H_2O$ entsteht nach Heldt beim Vermischen alkoholischer Lösungen von Citronensäure und Blei-

---

[1]) Kämmerer, Ztschr. analyt. Chem. 8, 298.
[2]) Soldaini, Gazz. chim. ital. 29, I, 489.
[3]) Kämmerer, Ann. Chem. Pharm. 139, 269; 148, 294; 170, 176, 189; 178, 309.
[4]) Landrin, Ann. Chem. Pharm. (5) 25, 245.

acetat als amorpher Niederschlag. Fällt man nach Kämmerer dreibasisches Natriumcitrat mit Bleinitrat und digeriert den Niederschlag längere Zeit mit viel überschüssigem Bleinitrat, so wird er krystallinisch und hält dann 3 $H_2O$. $Pb_2C_6H_4O_7 + 2\,H_2O$ entsteht beim Kochen des Salzes $Pb_3(C_6H_5O_7)_2$ mit Ammoniak und nach Otto[1]) beim Kochen von Ammoniumcitrat mit Bleiessig. $PbC_6H_6O_7 + H_2O$ bildet kleine, in Wasser und Ammoniak leicht lösliche Krystalle. $Pb_3(C_6H_5O_7)_2 . 4\,PbO$: Krug[2]).

**Manganocitrat.** $Mn_3(C_6H_5O_7)_2 + 9\,H_2O$ wurde von Kämmerer beim Erhitzen von Manganoacetat mit Citronensäure erhalten. $MnC_6H_6O_7$ nach Heldt mit 1 $H_2O$, nach Kämmerer mit $\frac{1}{2}\,H_2O$. $Mn_5H_2(C_6H_4O_7)_3 + 15\,H_2O$, $Mn_7H_2(C_6H_4O_7)_4 + 18\,H_2O$: Kämmerer. $(NH_4)_4Mn(C_6H_5O_7)_2$: Landrin[3]).

**Wismutcitrat.** $BiC_6H_5O_7$, von Vanino und Hartl[4]) aus Citronensäure und Wismutmannitlösung. Weiß, krystallinisch, unlöslich in $H_2O$, löslich in konzentrierter HCl. $H_2S$ und KOH wirken leicht ein, KJ unter Bildung eines gelben Salzes. $BiC_6H_5O_7$ nach Rother[5]) krystallinischer Niederschlag durch Kochen von Wismutsubnitrat mit Citronensäurelösung. Aus der Lösung des Salzes in warmem Ammoniak krystallisiert $BiC_6H_5O_7 . 3\,NH_3 + 3\,H_2O$. Bartlett[6]) erhielt beim Eintrocknen der ammoniakalischen Lösung das Salz $BiC_6H_5O_7 . NH_3 + 3\,H_2O$.

Das bereits bekannte Wismutcitrat $BiC_6H_5O_7$ erhält man nach Telle[7]) in Form kleiner sphäroidischer Wärzchen durch 5 Minuten langes Kochen von 10 g frisch gefälltem Wismuthydroxyd mit einer wässerigen Lösung von 8 g Citronensäure, in Form wetzsteinartiger Krystalle durch Umsetzen des löslichen Wismutlaktates mit einer konzentrierten wässerigen Citronensäurelösung in der Siedehitze.

**Kupfercitrat.** $Cu_2C_6H_4O_7 + 2\frac{1}{2}\,H_2O$ von Kämmerer erhalten beim Kochen einer Lösung von Kupferacetat mit Citronensäure, beim Erhitzen von Trinatriumcitrat mit Kupfersulfat, auch aus Citronensäure und Kupfersulfat in sehr verdünnter Lösung.

---

[1]) Otto, Ann. Chem. Pharm. 127, 179. Ber. chem. Ges. 17, 54.
[2]) Krug, Ann. Chem. Pharm. 127, 180.
[3]) Landrin, Ann. Chem. Pharm. (5) 25, 245.
[4]) Vanino und Hartl, Journ. prakt. Chem. 74, 142.
[5]) Rother, Jahresber. d. Chem. 1876, 565.
[6]) Bartlett, Ztschr. f. Chem. 1865, 350.
[7]) Telle, Arch. Pharm. 246, 484.

Grünes Krystallpulver verliert bei 100⁰ 2 $H_2O$ und wird blau, ist nach Heldt bei 150⁰ wasserfrei. $Cu_5H_2(C_6H_4O_7)_3 + 15\ H_2O$: Kämmerer.

**Silbercitrat.** $Ag_3C_6H_5O_7$ nach Liebig[1]) pulveriger Niederschlag, am Lichte schwarz werdend. Zersetzt sich beim Kochen mit Ammoniak oder mit wenig Wasser unter Abscheidung von Silber. Das trockne Salz absorbiert bis 5 Mol. $NH_3$. Beim Erhitzen im Wasserstoffstrome zerfällt es nach Wöhler[2]) in Citronensäure und Argentocitrat $Ag_6C_6H_5O_7$, das in Wasser langsam mit weinroter Farbe löslich ist. $Ag_3C_6H_5O_7 . NH_3 + 1\frac{1}{2}\ H_2O$: Wöhler. $Ag_2CaC_6H_4O_7$: Chodnew[3]). $Ag_2C_6H_6O_7$: Rönnefahrt[4]). $Ag_3C_6H_5O_7$ braucht von wässerigem Ammoniak nach Reychler[5]) 6 Mol. $NH_3$ zur Lösung.

**Ferrocitrat.** $FeC_6H_6O_7 + H_2O$ von Siboni[6]) beim mehrtägigen Kochen von Eisenspänen, Citronensäure und Wasser, Ausziehen des Reaktionsproduktes mit siedendem Wasser, und Einengen des Filtrates im Vakuum erhalten. Dasselbe nach Kämmerer farbloses Krystallpulver, unlöslich in Wasser und Eisessig. Beim Verdunsten einer Lösung von Ferrocitrat in Ammoniak, an der Luft, erhielt Méhu[7]) das Salz $Fe(NH_4)C_6H_4O_7 + 1\frac{1}{2}\ H_2O$. Ammoniumferrocitrat $(NH_4)Fe(C_3H_5O_7)$: Ferrocitrat ist nach Martinotti und Cornello[8]) leicht löslich in $NH_3$ unter geringer Wärmeentwickelung. In Lösung sich leicht oxydierend, beständiger bei Gegenwart von Citronensäure. Nach Baroni[9]) für therapeutische Zwecke geeigneter als das entsprechende Na-salz, $NaFeC_6H_5O_7$, letzteres aus krystallisiertem Ferrocitrat durch Neutralisieren mit Natron bereitet.

**Ferricitrat.** Beim Lösen von Ferrohydroxyd in Citronensäure erhält man das in der Medizin verwendete Salz $FeC_6H_5O_7 + 1\frac{1}{2}\ H_2O$ nach Rieckher[10]). Nach Schiff[11]) entsteht zunächst das Salz

---

[1]) Liebig, Ann. Chem. Pharm. 26, 118, 158.
[2]) Wöhler, Ann. Chem. Pharm. 97, 18.
[3]) Chodnew, Ann. Chem. Pharm. 53, 286.
[4]) Rönnefahrt, Jahresber. d. Chem. 1876, 562.
[5]) Reychler, Ber. deutsch. chem. Ges. 17, 2263.
[6]) Siboni, Bull. Chim. Farm. 44, 625.
[7]) Méhu, Jahresber. d. Chem. 1873, 570.
[8]) Martinotti und Cornello, Boll. Chim. Farm. 40, 481.
[9]) Baroni, Giorn. Farm. Chim. 53, 5, 145.
[10]) Rieckher, Jahresber. d. Chem. 1873, 594.
[11]) Schiff, Ber. chem. Ges. 5, 642, 731.

$FeO . C_6H_7O_7 + 2 H_2O$, das bei 150° in $FeC_6H_5O_7$ übergeht. Letzteres Salz ist in Wasser löslich und hält unveränderte Citronensäure. $FeC_6H_5O_7 + 3 H_2O$ von Siboni[1]) auf folgende Weise erhalten: Frisch gefälltes, noch feuchtes Ferrihydroxyd wird in Citronensäure eingetragen, 24 Stunden bei 60—65° gelassen und das Filtrat bei 50—60° auf Glasplatten getrocknet. Alkohol fällt aus der Lösung ein wasserfreies Salz als rotes Pulver. Mit Ammoniak bildet das sauer reagierende Citrat Ammin- und Ammoniumsalze. Basisches Ferricitrat $6 (FeC_6H_5O_7) . 7 Fe(OH)_3 + 9 H_2O$, von Rosenthaler[2]) durch Fällung einer Natriumcitratlösung mit Ferrinitrat erhalten, ist ein hellgelbes, gegen Licht und Wärme beständiges Pulver.

Bei den Citroverbindungen des Eisens nimmt Gerock[3]) das Vorhandensein eines metallorganischen Säureradikals an und beschreibt den Verlauf ihrer Bildungsweise aus Kaliumcitrat und Ferrojodid[4]) folgendermaßen: Das Ferrojodid nimmt noch ein J auf und verhält sich wie Ferrijodid, beim Hinzufügen von citronensaurem K verbindet sich das K mit dem J zu KJ, während das Fe in die OH-Gruppe eintritt nach folgender Gleichung: $Fe'''J_3 + 3 C_3H_4OH(COOK)_3 = 3 KJ + Fe'''(O . C_3H_4)_3 . (COOH)_3 . (COOK)_6$.

Stevens[5]) hält die von Gerock aufgestellte Theorie für wahrscheinlich, doch ist der für ein Atom Fe erforderliche Betrag von Citrat halb so groß, als er in der Gerockschen Formel angegeben ist und durch den Ersatz des H in den drei Carboxylgruppen durch Fe entsteht demnach $Fe(C_3H_4O)_3 . (COO)_3Fe . (COOK)_6$.

**Praseodymcitrat.** $PrC_6H_5O_7$. Citronensäurelösung wird nach Baskerville und Turrentine[6]) unter Rühren und Kühlen mit Praseodymhydroxyd gesättigt. Die trübe Flüssigkeit wird schnell filtriert. Das hellgrün gefärbte Filtrat im Becherglas durch Eintauchen in heißes Wasser erwärmt und noch heiß schnell filtriert. Der Niederschlag wird mit heißem Wasser vollkommen ausgewaschen. Feines, amorphes, hellgrünes Pulver.

---

[1]) Siboni, Boll. Chin. Farm. 44, 625.
[2]) Rosenthaler, Arch. Pharm. 1903, 479; 1908, 51.
[3]) Gerock, Pharm. Review 26, 129.
[4]) Stevens, Pharmaceut. Review 25, 299.
[5]) Stevens, Pharm. Review, 26, 131.
[6]) Baskerville and Turrentine, Journ. Americ. chem. soc. 26, 46.

**Kupfercitronensaure Salze.** Durch Einwirkung von Alkalicarbonat oder -hydroxyd auf Kupfercitrat wurden von Pickering[1]) einige α- und β-kupfercitronensaure Salze mit vierwertigem elektronegativem Cu erhalten. Das Kaliumcupricitrat $(C\ H_5O_7)_2CuK_4$ bildet tief dunkelblaue wässerige Lösungen, die wahrscheinlich schon ein β-Kupfercitrat $(C_6H_5O_7)_2K_4H_2CuO$ enthalten. Kalium-α-kupfercitrat $[C_6H_5O_7)_2CuK_4]_2 . K_2Cu(CO_3)_2$, mikroskopische Nadeln. Tetrakaliumcupri-β-kupfercitrat $(C_6H_5O_7)_2K_4Cu . CuO$. Dikaliumdicupri-β-kupfercitrat $(C_6H_5O_7)_2K_2Cu_2 . CuO$. Kaliumcupri-β-kupfercitrat $(C_6H_5O_7)_3K_5Cu_2 . 2\ CuO$. Die wichtigsten Eigenschaften der Salze mit negativem Cu sind die intensiv blaue Farbe, die Weichheit der oft nur schwer zu erhaltenden Krystalle, das oft recht fest gebundene Wasser, die Indifferenz gegen Eisen, die langsame Reaktion mit Kaliumferrocyanid und die Oxydation der Dextrose.

**Sonstige Citrate.** $Co_3(C_6H_5O_7)_2 . 14\ H_2O$: Heldt. — $Co(NH_4)_4(C_6H_5O_7)_2 + 4\ H_2O$: Landrin. — $Ni_3(C_6H_5O_7)_2 + 14\ H_2O$: Heldt. — $Ni(NH_4)_4(C_6H_5O_7)_2 + 4\ H_2O$: Landrin. — $LaC_6H_5O_7 + 3\frac{1}{2}\ H_2O$: Czudnowicz[2]). — $Tl_3C_6H_5O_7$: Kuhlmann[3]). — $CeC_6H_5O_7 + 3\frac{1}{2}\ H_2O$: Czudnowicz. — $SmC_6H_5O_7 + 6\ H_2O$: Clève[4]). — $Hg(NH_4)_4(C_6H_5O_7)_2$: Landrin. — $Al(OH)(NH_4)_4(C_6H_5O_7)_2$: Landrin. — $SrC_6H_6O_7 + H_2O$: Heldt. — $Sr_3(C_6H_5O_7)_2 + 5\ H_2O$: Kämmerer. — $TbC_6H_5O_7$: Potratz[5]). — $CeC_6H_5O_7 + \frac{1}{2}\ H_2O$, $LaC_6H_5O_7 + 3\frac{1}{2}\ H_2O$, $YC_6H_5O_7 + 2\frac{1}{2}\ H_2O$: Holmberg[6]). — $Li_3C_6H_5O_7$: Alcock[7]). — $AsO(NH_4)_3(C_6H_6O_7)_2 + H_2O$, $AsONa_3(C_6H_6O_7)_2 + 3\frac{1}{2}\ H_2O$, $AsOK_3(C_6H_6O_7)_2 + 4\frac{1}{2}\ H_2O$, $SbO(NH_4)_3(C_6H_6O_7)_2 + H_2O$, $SbONa_3(C_6H_6O_7)_2 + H_2O$, $SbOK_3(C_6H_6O_7)_2 + 2\ H_2O$, $SbBa_3(C_6H_5O_7)_3 + 10\ H_2O$: Henderson und Prentice[8]). — $TeO(C_6H_6O_7K)_2 + H_2O$, $SnO(C_6H_6O_7NH_4)_2 + \frac{1}{2}\ H_2O$: Henderson und Orr[9]). —

---

1) Pickering, Journ. Chem. Soc. 97, 1837; Chem. Zentralbl. 1910, II, 1453.

2) Czudnowicz, Jahrb. d. Chem. 1860, 128; 1861, 190.

3) Kuhlmann, Jahrb. d. Chem. 1862, 189.

4) Clève, Bull. soc. Chim. Paris, 43, 172.

5) Potratz, Chem. News, 92, 3.

6) Holmberg, Chem. Zentralbl. 1906, II, 1995.

7) Alcock, Pharm. Journ. 1908, 586; 17, 664.

8) Henderson und Prentice, Journ. of the chem. Soc. 67, 1034.

9) Henderson und Orr, Journ. of the chem. Soc. 75, 557.

$Zr_2(C_6H_5O_7)(NH_4)_3$: Harris[1]). — $Th(OH)C_6H_5O_7$: Haber[2]). — $K_2(C_6H_5O_7)_2H_2TeO + H_2O$: Klein[3]). — $Na_2MoO_3 . C_6H_6O_7$, $Na_2WO_3 . C_6H_6O_7$: Großmann und Krämer[4]). — Berylliumcitrate: Tanatar und Kurowski[5]).

## Molekulargewichte und prozentische Zusammensetzung der wichtigsten Citrate.

| Formel | MG | 100 Teile enthalten |
|---|---|---|
| $Ag_3C_6H_5O_7$ | 512,7 | 63,1 $Ag_3$ . 36,9 $C_6H_5O_7$ |
| $AlC_6H_5O_7$ | 216,1 | 12,5 Al . 87,5 $C_6H_5O_7$ |
| $Ba_3(C_6H_5O_7)_2 + 7 H_2O$ | 916,3 | 45,0 $Ba_3$ . 41,3 $(C_6H_5O_7)_2$ . 13,8 $H_2O$ |
| $Ba_3(C_6H_5O_7)_2$ | 790,2 | 52,2 $Ba_3$ . 47,8 $(C_6H_5O_7)_2$ |
| $BiC_6H_5O_7$ | 397,0 | 52,4 Bi . 47,6 $C_6H_5O_7$ |
| $Ca_3(C_6H_5O_7)_2 + 4 H_2O$ | 570,4 | 21,1 $Ca_3$ . 66,3 $(C_6H_5O_7)_2$ . 12,6 $H_2O$ |
| $Ca_3(C_6H_5O_7)_2$ | 498,4 | 24,1 $Ca_3$ . 75,9 $(C_6H_5O_7)_2$ |
| $CaC_6H_6O_7$ | 230,1 | 17,4 Ca . 82,6 $C_6H_6O_7$ |
| $Ca(C_6H_7O_7)_2$ | 422,2 | 9,48 Ca . 90,5 $(C_6H_6O_7)_2$ |
| $Cd_3(C_6H_5O_7)_2$ | 715,3 | 47,1 $Cd_3$ . 52,9 $(C_6H_5O_7)_2$ |
| $CeC_6H_5O_7 + 3^1/_2 H_2O$ | 392,4 | 35,7 Ce . 48,2 $C_6H_5O_7$ . 16,1 $H_2O$ |
| $CeC_6H_5O_7$ | 329,3 | 42,6 Ce . 57,4 $C_6H_5O_7$ |
| $Co_3(C_6H_5O_7)_2 + 14 H_2O$ | 807,2 | 21,9 $Co_3$ . 46,8 $(C_6H_5O_7)_2$ . 31,3 $H_2O$ |
| $Co_3(C_6H_5O_7)_2$ | 555,0 | 31,9 $Co_3$ . 68,1 $(C_6H_5O_7)_2$ |
| $CrC_6H_5O_7$ | 241,1 | 21,6 Cr . 78,4 $C_6H_5O_7$ |
| $Cu_3(C_6H_5O_7)_2$ | 568,8 | 33,5 $Cu_3$ . 66,5 $(C_6H_5O_7)_2$ |
| $Fe_3(C_6H_5O_7)_2$ | 545,4 | 30,7 $Fe_3$ . 69,3 $(C_6H_5O_7)_2$ |
| $FeC_6H_5O_7 + 1^1/_2 H_2O$ | 271,9 | 20,5 Fe . 69,5 $C_6H_5O_7$ . 9,97 $H_2O$ |
| $FeC_6H_5O_7$ | 244,9 | 22,8 Fe . 77,2 $C_6H_5O_7$ |
| $Hg_3(C_6H_5O_7)_2$ | 978,1 | 61,3 $Hg_3$ . 38,7 $(C_6H_5O_7)_2$ |
| $K_3C_6H_5O_7 + H_2O$ | 324,4 | 36,2 $K_3$ . 58,3 $C_6H_5O_7$ . 5,55 $H_2O$ |
| $K_3C_6H_5O_7$ | 306,3 | 38,3 $K_3$ . 61,7 $C_6H_5O_7$ |
| $K_2C_6H_6O_7$ | 268,3 | 29,2 $K_2$ . 70,8 $C_6H_6O_7$ |
| $KC_6H_7O_2$ | 230,2 | 17,0 K . 83,0 $C_6H_7O_7$ |
| $LaC_6H_5O_7 + 3^1/_2 H_2O$ | 391,1 | 35,5 La . 48,3 $C_6H_5O_7$ . 16,1 $H_2O$ |
| $LaC_6H_5O_7$ | 328,0 | 42,4 La . 57,6 $C_6H_5O_7$ |
| $Li_3C_6H_5O_7$ | 210,0 | 10,0 $Li_3$ . 90,0 $C_6H_5O_7$ |
| $Mg_3(C_6H_5O_7)_2 + 14 H_2O$ | 703,3 | 10,4 $Mg_3$ . 53,7 $(C_6H_5O_7)_2$ . 35,8 $H_2O$ |

[1]) Harris, Americ. Chem. Journ. 20, 871.
[2]) Haber, Monatshefte f. Chem. 18, 695.
[3]) Klein, Ann. chim. phys. (6) 10, 119. Jahresber. d. C. 1886, 1352.
[4]) Großmann und Krämer, Ztschr. anorgan. Chem. 41, 43.
[5]) Tanatar und Kurowsky, Journ. Russ. Phys. Chem. Ges. 40, 787.

| Formel | MG | 100 Teile enthalten |
|---|---|---|
| $Mg_3(C_6H_5O_7)_2$ | 451,0 | 16,2 $Mg_3$ . 83,8 $(C_6H_5O_7)_2$ |
| $Mn_3(C_6H_5O_7)_2 + 9\ H_2O$ | 705,0 | 23,4 $Mn_3$ . 53,6 $(C_6H_5O_7)_2$ . 23,0 $H_2O$ |
| $Mn_3(C_6H_5O_7)_2$ | 542,9 | 30,4 $Mn_3$ . 69,6 $(C_6H_5O_7)_2$ |
| $Na_3C_6H_5O_7 + 5^1/_2\ H_2O$ | 357,1 | 19,3 $Na_3$ . 52,9 $C_6H_5O_7$ . 27,8 $H_2O$ |
| $Na_3C_6H_5O_7$ | 258,0 | 26,7 $Na_3$ . 73,3 $C_6H_5O_7$ |
| $Na_2C_6H_6O_7$ | 236,1 | 19,5 $Na_2$ . 80,5 $C_6H_6O_7$ |
| $NaC_6H_7O_7$ | 214,1 | 10,8 Na . 89,2 $C_6H_7O_7$ |
| $Ni_3(C_6H_5O_7)_2 + 14\ H_2O$ | 806,3 | 21,8 $Ni_3$ . 46,9 $(C_6H_5O_7)_2$ . 31,3 $H_2O$ |
| $Ni_3(C_6H_5O_7)_2$ | 554,1 | 31,8 $Ni_3$ . 68,2 $(C_6H_5O_7)_2$ |
| $(NH_4)_3C_6H_5O_7 + H_2O$ | 261,2 | 20,7 $(NH_4)_3$ . 72,4 $C_6H_5O_7$ . 6,90 $H_2O$ |
| $(NH_4)_3C_6H_5O_7$ | 243,2 | 22,3 $(NH_4)_3$ . 77,7 $C_6H_5O_7$ |
| $(NH_4)_2C_6H_6O_7$ | 226,1 | 16,0 $(NH_4)_2$ . 84,1 $C_6H_6O_7$ |
| $(NH_4)C_6H_7O_7$ | 209,1 | 8,63 $NH_4$ . 91,4 $C_6H_7O_7$ |
| $(NH_4)_4Co(C_6H_5O_7)_2 + 4$ aq | 581,3 | 12,4 $(NH_4)_4$ . 10,2 Co . 12,4 $H_2O$ |
| $(NH_4)_3Fe(C_6H_5O_7)_2$ | 488,1 | 11,1 $(NH_4)_3$ . 11,4 Fe . 77,5 $(C_6H_5O_7)_2$ |
| $(NH_4)FeC_6H_5O_7$ | 262,9 | 7,02 $NH_4$ . 21,3 Fe . 71,7 $C_6H_5O_7$ |
| $(NH_4)_4Hg(C_6H_5O_7)_2$ | 650,9 | 11,1 $(NH_4)_4$ . 30,8 Hg . 58,1 $(C_6H_5O_7)_2$ |
| $(NH_4)_4Mn(C_6H_5O_7)_2$ | 505,2 | 14,3 $(NH_4)_4$ . 10,9 Mn . 74,8 $(C_6H_5O_7)_2$ |
| $(NH_4)_4Ni(C_6H_5O_7)_2 + 4$ aq | 581,0 | 12,4 $(NH_4)_4$ . 10,1 Ni . 12,4 $H_2O$ |
| $(NH_4)_4Zn(C_6H_5O_7)_2$ | 515,6 | 14,0 $(NH_4)_4$ . 12,7 Zn . 73,3 $(C_6H_5O_7)_2$ |
| $Pb_3(C_6H_5O_7)_2 + H_2O$ | 1017,4 | 61,1 $Pb_3$ . 37,2 $(C_6H_5O_7)_2$ . 1,77 $H_2O$ |
| $Pb_3(C_6H_5O_7)_3$ | 999,4 | 62,2 $Pb_3$ . 37,8 $(C_6H_5O_7)_2$ |
| $PrC_6H_5O_7$ | 329,6 | 42,7 Pr . 57,3 $C_6H_5O_7)_2$ |
| $SmC_6H_5O_7 + 6\ H_2O$ | 447,5 | 33,6 Sm . 42,2 $C_6H_5O_2$ . 24,2 $H_2O$ |
| $SmC_6H_5O_7$ | 339,4 | 44,3 Sm . 55,7 $C_6H_5O_7$ |
| $Sr_3(C_6H_5O_7)_2 + 5\ H_2O$ | 731,0 | 36,0 $Sr_3$ . 51,7 $(C_6H_5O_7)_2$ . 12,3 $H_2O$ |
| $Sr_3(C_6H_5O_7)_2$ | 640,9 | 41,0 $Sr_3$ . 59,0 $(C_6H_5O_7)_2$ |
| $Th_3(C_6H_5O_7)_4$ | 1453,4 | 48,0 $Th_3$ . 52,0 $(C_6H_5O_7)_4$ |
| $TbC_6H_5O_7$ | 348,2 | 45,7 Tb . 54,3 $C_6H_5O_7$ |
| $Tl_3C_6H_5O_7$ | 801,0 | 76,4 $Tl_3$ . 23,6 $C_6H_5O_7$ |
| $YC_6H_5O_7 + 2^1/_2\ H_2O$ | 323,1 | 27,6 Y . 58,5 $C_6H_5O_7$ . 13,9 $H_2O$ |
| $YC_6H_5O_7$ | 278,0 | 32,0 Y 68,0 $C_6H_5O_7$ |
| $Zn_3(C_6H_5O_7)_2 + 2\ H_2O$ | 610,2 | 32,1 $Zn_3$ . 62,0 $(C_6H_5O_7)_2$ . 5,91 $H_2O$ |
| $Zn_3(C_6H_5O_7)_2$ | 574,2 | 34,2 $Zn_3$ . 65,8 $(C_6H_5O_7)_2$ |

## *Ester.*

**Methylcitronensäure** $C_6H_7O_7 . CH_3$, entsteht nach Demondesir[1]) neben dem Dimethylester und unterscheidet sich von

[1]) Demondesir, Ann. Chem. Pharm. 80, 302.

diesem dadurch, daß sein Calciumsalz in Wasser sehr löslich und in Alkohol unlöslich ist.

**Dimethylcitronensäure** $C_6H_6O_7(CH_3)_2$, entsteht nach St. Evre[1]) als Nebenprodukt bei der Darstellung von Trimethylcitronensäure. Dimethylcitronensaures Calcium ist in Weingeist leicht löslich.

**Trimethylcitronensäure** $C_6H_5O_7(CH_3)_3$, entsteht nach St. Evre beim Sättigen einer Lösung von Citronensäure in Methylalkohol mit Chlorwasserstoff. Nach Hunäus[2]) trikline Krystalle, Smp. 79°, Sdp. nach Anschütz[3]) 176°. Molekulare Verbrennungswärme nach Stohmann[4]) 983,5 Cal. Zersetzt sich nach Behrmann[5]) nicht beim Aufkochen mit Wasser. Gibt mit $P_2O_5$ Chlortricarballylsäuremethylester $C_6H_4ClO_6(CH_3)_3$.

**Äthylcitronensäure** $C_6H_7O_7 . C_2H_5$, entsteht nach Kreitmayer[6]) bei der Einwirkung von Natriumamalgam auf Triäthylcitronensäure in Gegenwart von wenig Wasser. Nach Claus[7]) kleine nadelförmige Säulen. Entsteht auch beim Kochen von Citronensäure mit Essigäther. Petriew und Eghis[8]) beschreiben den Monoäthylester als ein dickes Öl, leicht löslich in Wasser, Weingeist und Äther. Das Natriumsalz liefert zerfließliche Prismen. Baryumsalz und Bleisalz sind krystallinisch und in Wasser leicht löslich. Das Silbersalz ist nach Claus wenig löslich in kaltem, leicht in heißem Wasser, ist nach Petriew und Eghis amorph und unlöslich in Wasser.

**Diäthylcitronensäure** $C_6H_6O_7(C_2H_5)_2$, entsteht nach Claus bei der Einwirkung von Natriumamalgam auf Triäthylcitronensäure in Gegenwart von wenig Wasser. Die freie Säure scheint nicht zu krystallisieren. Das Natriumsalz ist zerfließlich an der Luft. Baryumsalz und Bleisalz sind sirupartige, in Wasser sehr leicht lösliche Massen.

**Triäthylcitronensäure** $C_6H_5O_7(C_2H_5)_3$, entsteht nach Malagutti[9]) beim Erwärmen von Citronensäure mit Weingeist und

---

[1]) St. Evre, Ann. Chem. Pharm. 60, 325.
[2]) Hunäus, Ber. deutsch. chem. Ges. 9, 1750.
[3]) Anschütz, Ber. deutsch. chem. Ges. 18, 1953; 35, 2085.
[4]) Stohmann, Journ. prakt. Chem. (2) 40, 352.
[5]) Behrmann, Ber. deutsch. chem. Ges. 17, 2683.
[6]) Kreitmayer, Ber. deutsch. chem. Ges. 8, 737.
[7]) Claus, Ber. deutsch. chem. Ges. 8, 155, 863, 867.
[8]) Petriew und Eghis, Journ. russ. chem. Ges. 7, 157, 159.
[9]) Malagutti, Ann. Chem. Pharm. 21, 267.

Schwefelsäure, und nach Heldt[1]) beim Sättigen einer alkoholischen Lösung von Citronensäure mit Chlorwasserstoff. Conen[2]) nimmt gleiche Teile Citronensäure und absoluten Alkohol, läßt, nach dem Sättigen mit HCl, 24 Stunden stehen und leitet dann Luft durch die Flüssigkeit. Dann destilliert er aus dem Wasserbade unter vermindertem Druck, und versetzt den Rückstand mit Wasser. Der gefällte Ester wird sofort im Vakuum destilliert. Nach Skinner und Ruhemann[3]) gelbliches Öl vom Sdp. 218$^0$ bei 75 cm. Dichte nach Conen 1,1369 bei 20$^0$. Molekulare Verbrennungswärme nach Luginin[4]) 973,5 Cal. Geht, beim Erhitzen mit Phosphortrichlorid im Rohr auf 100$^0$ in Aconitsäureester über.

**Teträthylcitronensäure** $C_6H_4O_7(C_2H_5)_4$. Wurde von Conen erhalten durch Versetzen einer ätherischen Lösung des Triäthylesters mit Natrium und dann mit Äthyljodid. Flüssig. Siedet unter starker Zersetzung bei 290$^0$. Siedet unzersetzt bei 237$^0$ bei 145—150 mm. Dichte = 1,1022 bei 20$^0$. Kaum löslich in Wasser, zerfällt durch alkoholisches Kali in Citronensäure und Alkohol.

**Isoamylcitronensäure** $C_6H_7O_7(C_5H_{11})$, wurde von Breunlin[5]) erhalten bei längerem Digerieren gleicher Moleküle von Citronensäure und Isoamylalkohol bei 120$^0$. Warzen. In jedem Verhältnis löslich in Wasser, Weingeist und Äther. Salze: $(NH_4)_2C_{11}H_{16}O_7$, Nadeln, leicht löslich in Wasser, unlöslich in absolutem Alkohol. $NaC_{11}H_{17}O_7 . KC_{11}H_{17}O_7$, Nadeln. $Ca(C_{11}H_{17}O_7)_2 + x\,H_2O$, Blätter. $Pb_3(C_{11}H_{15}O_7)_2$.

**Äthylisoamylcitronensäure** $C_6H_6O_7(C_2H_5 . C_5H_{11})$. Entsteht nach Breunlin beim Sättigen einer Lösung von Isoamylcitronensäure in absolutem Alkohol mit Chlorwasserstoffgas und bildet eine dicke Flüssigkeit von bitterem Geschmack.

**Acetylcitronensäure** $CO_2H.CH_2.C(C_2H_3O_2.CO_2H)CH_2.CO_2H$. Von Easterfield und Sell[6]) erhalten beim Auflösen von Acetylcitronensäureanhydrid in Wasser. Krystalle. Smp. 138—140$^0$.

---

[1]) Heldt, Ann. Chem. Pharm. 47, 154, 195, 157.

[2]) Conen, Ber. deutsch. chem. Ges. 12, 1654.

[3]) Skinner und Ruhemann, Chem. Ztg. 1889, 495. Journ. chem. soc. 55, 236, 237.

[4]) Luginin, Ann. chim. phys. (6) 23, 204; 8, 139.

[5]) Breunlin, Ann. Chem. Pharm. 91, 318, 322.

[6]) Easterfield und Sell, Journ. chem. soc. 61, 1003, 1005.

Sehr leicht löslich in Wasser. Die Ester der Säure zerfallen beim Erhitzen auf 250—280⁰ in Essigsäure und Aconitsäureester.

**Acetylcitronensäuretrimethylester** $C_2H_3O_2 . C_3H_4(CO_2 . CH_3)_3$. Entsteht nach Hunäus aus Citronensäuretrimethylester und Acetylchlorid. Flüssig. Sdp. nach Anschütz und Klingemann[1]) 171⁰ bei 15 mm. Zerfällt bei der Destillation unter gewöhnlichem Druck in Essigsäure und Aconitsäureester.

**Acetylcitronensäuretriäthylester** $C_2H_3O_2 . C_3H_4(CO_2 . C_2H_5)_3$. Entsteht nach Wislicenus[2]) aus Citronensäuretriäthylester und Acetylchlorid. Flüssig. Sdp. nach Anschütz und Klingemann 197⁰ bei 15 mm. Dichte nach Ruhemann[3]) 1,1459 bei 15⁰. Wird bei — 20⁰ nicht fest. Unlöslich in Wasser, sehr leicht löslich in Weingeist und Äther. Liefert mit konzentriertem wässerigem Ammoniak Citrazinamid $C_6H_6N_2O_3$.

**Acetylcitronensäureanhydrid** $C_2H_3O_2 . C_3H_4 . CO . O . CO . CO_2H$. Bildung nach Klingemann[4]) aus wasserfreier Citronensäure und Acetylchlorid. Nach Tutton[5]) trimetrische Prismen aus Chloroform und Aceton. Leicht löslich in Äther, schwer in Benzol. Zerfällt bei der Destillation im Vakuum in $CO_2$, Essigsäure und Itaconsäureanhydrid. Bei der Destillation an der Luft entsteht Citraconsäureanhydrid. In warmem Wasser unter Bildung von Acetylcitronensäure löslich. Beim Kochen mit alkoholischem Kali entsteht Aconitsäure. Beim Erhitzen mit konzentriertem $NH_3$ auf 125⁰ wird Citrazinsäure gebildet.

**Methyläthercitronensäure** $CH_2 (CO_2H) C (OCH_3) (CO_2H) CH_2 (CO_2H)$. Bildung nach Anschütz und Clarke[6]) aus dem Pentamethylester der Methyläther-$\alpha\alpha$-Dicarboxycitronensäure durch Kochen mit verdünnter Salzsäure. Sehr kleine Krystalle, die bei 177⁰ unter Zersetzung schmelzen. In $H_2O$ und Weingeist leicht löslich, in Benzol unlöslich. $Ca_3(C_7H_7O_7)_2$ krystallinisches, $Ba_3(C_7H_7O_7)_2$ und $Ag_3C_7H_7O_7$ amorphes unlösliches Pulver. Methyläthercitronensäuretrimethylester $CH_2(CO_2CH_3)C(OCH_3)(CO_2CH_3)CO_2CH_3 . CH_2$, farblose Flüssigkeit vom Siedepunkt 163⁰.

---

1) Anschütz und Klingemann, Ber. deutsch. chem. Ges. 18, 1954; 38, 3194.
2) Wislicenus, Ann. Chem. Pharm. 129, 192.
3) Ruhemann, Chem. Ztg. 1887, 380. Ber. chem. Ges. 20, 802.
4) Klingemann, Ber. deutsch. chem. Ges. 22, 984.
5) Tutton, Ber. deutsch. chem. Ges. 22, 985.
6) Anschütz und Clarke, Ann. Chem. Pharm. 306, 34, 36.

**Methylencitronensäure** $CH_2 . O . C(CH_2 . CO_2H)_2O . CO$. Bildung nach Farbenfabriken Bayer[1]) aus Citronensäure mit Formaldehyd und Salzsäure oder mit Formaldehydderivaten. Methylencitronensäurealkylester der allgemeinen Formel $(CO_2RCH)_2 C . O . CO_2 . CH_2$ nach Berendes[2]) durch Esterifikation der Methylencitronensäure oder deren Salze erhalten. Methylocitronensäure $(CH_3O)C(CO_2H)(CH_2CO_2H)_2$. Ihr Trimethylester entsteht aus Citronensäuretrimethylester, Jodmethyl und Silberoxyd.

**Citronensaures Glycerin.** Bei 20 stündigem Erhitzen gleicher Moleküle Citronensäure und Glycerin auf 160⁰ entsteht nach Bemmelen[3]) Citromonoglycerin $C_6H_5(C_3H_5)O_7$, eine in Wasser unlösliche glasige Masse. Erhitzt man Citronensäure mit überschüssigem Glycerin auf 160—170⁰, so entsteht gelbbraunes Citrodiglycerin $(C_3H_5)_2O_3 . C_6H_8O_7$. Lourenço[4]) erhielt beim Erhitzen gleicher Moleküle Glycerin und Citronensäure auf 160⁰ eine fadenziehende Masse $C_9H_{14}O_9$, die sich sehr wenig in Wasser und Weingeist, und gar nicht in Äther löste.

**Mannitancitrat**, Citromannitan $C_{12}H_{14}O_9$, entsteht nach Bemmelen beim Erhitzen von Mannit und Citronensäure auf 130 bis 140⁰. Amorph, unlöslich in Wasser, Weingeist und Äther. Bei niederer Temperatur entsteht wasserlösliche Mannitcitronensäure. Mannitandicitrat, Dicitromannitan $C_{18}H_{20}O_{15}$, von Bemmelen dargestellt aus 1 Mol. Mannit und 2 Mol. Citronensäure bei 140—150⁰; fest, indifferent.

**Citramid** $C_3H_4(OH)(CONH_2)_3$ ist durch Einwirkung von Ammoniak auf den Ester erhalten worden. Wird durch Salzsäure oder Schwefelsäure beim Erwärmen zu Citrazinsäure kondensiert. sym-**Citrodimethylestersäureamid** $NH_2COC(OH)(CH_2CO_2CH_3)_2$, aus dem Nitril, Acetondicarbonsäureestercyanhydrin gewonnen, gibt mit Natriumnitrit in konzentrierter Schwefelsäure sym-Citrodimethylestersäure (Richter[5]).

**Benzoylcitrimidsäureäthylester**, Smp. 115⁰, aus Citrodiäthylestersäureamid mit Benzoylchlorid gewonnen, wird nach Schrö-

---

[1]) Farbenfabriken Bayer, Chem. Centralbl. 1902, I, 299; 1908, I, 1589.

[2]) Berendes, Chem. Ztg. 1909, Rep. 334.

[3]) Bemmelen, Jahresber. d. Chem. 1856, 603; 1858, 435.

[4]) Lourenço, Ann. chim. phys. (3) 67, 313.

[5]) Richter, Lehrb. organ. Chem. 672.

ter[1]) schon durch kalte Natronlauge in Benzoësäure und die mit der Citrazinsäure isomere as-Aconitimidsäure zerlegt:

$$\begin{matrix} C_2H_5O_2C\,.\,CH_2\,.\,C(OCOC_6H_5)CO \\ CH_2\text{———}CO \end{matrix}\!\!>\!NH \rightarrow$$

$$\begin{matrix} HO_2CCH = C\text{——}CO \\ \dot{C}H_2\,.\,CO \end{matrix}\!\!>\!NH + HO_2CC_6H_5.$$

**Borcitronensäure.** Die Citronensäure geht nach Scheibe[2]) mit Borsäure eine leicht lösliche Verbindung ein, die erhalten wird, wenn 2 Mol. Citronensäure mit 1 Mol. Borsäure in der Wärme in wenig Wasser gelöst werden. Beim Eindampfen auf dem Wasserbade verbleibt eine amorphe, im Exsikkator eine strahlig krystallinische Masse, die, bei 80$^0$ getrocknet, der Zusammensetzung $C_{12}H_{15}(BO)O_{14}\,.\,H_2O$ entspricht. Salze dieser Säure werden durch Sättigen der Lösungen von Alkalicitraten oder Magnesiumcitrat mit Borsäure erhalten. Zu heißen konzentrierten Lösungen von primärem, sekundärem und tertiärem Kaliumcitrat fügt man solange Borsäure in kleinen Mengen, bis der Überschuß an Borsäure sich beim Erkalten und längerem Stehen abscheidet. Die hiervon abfiltrierte Flüssigkeit gibt bei weiterer Konzentration amorphe oder glasige Massen von bestimmter Zusammensetzung. Die Zahl der Moleküle Borsäure ist der Zahl der Kaliatome des citronensauren Salzes gleich:

| | | | |
|---|---|---|---|
| primäres borcitronensaures Kalium | | | $C_6H_6K(BO)O_7.H_2O$, |
| sekundäres | ,, | ,, | $C_6H_4K_2(BO)_2O_7.2\,H_2O$ |
| tertiäres | ,, | ,, | $C_6H_2K_3(BO)_3O_7.3\,H_2O$ |

Die beiden ersten Salze sind in Weingeist mehr oder weniger löslich, das letztere dagegen unlöslich. Ein viertes Kaliumsalz, der Bordicitronensäure entsprechend, $C_{12}H_{13}K(BO)_2O_{14}\,.\,H_2O$ läßt sich durch Lösen von 2 Mol. Citronensäure, 1 Mol. saurem Kaliumcarbonat und 2 Mol. Borsäure in kochendem Wasser und Erkaltenlassen in deutlichen harten Krystallen erhalten. Das Salz schmeckt angenehm sauer und ist in 6 Teilen Wasser löslich. Borcitronensaures Baryum, Strontium und Calcium sind schwer lösliche Salze und können durch Fällung der Metallchloride mit borcitronensaurem Kalium erhalten werden. Borcitronensaures Magnesium läßt sich durch Auflösen der berechneten Mengen von Borsäure,

[1]) Schröter, Ber. deutsch. chem. Ges. 38, 3194.

[2]) Scheibe, Jahresber. d. Chem. 1879, 664.

Citronensäure und Magnesia in kochendem Wasser und Verdunsten erhalten.

Monoborcitronensaures Magnesium $Mg(C_6H_6(BO)_2O_7)_2 . 2 H_2O$
Diborcitronensaures Magnesium $Mg_2(C_6H_4(BO)_4O_7)_2 . 4 H_2O$
Triborcitronensaures Magnesium $Mg_3(C_6H_2(BO)_6O_7)_2 . 6 H_2O$.

Die beiden ersten Salze sind wenig luftbeständige glasige Massen, letzteres ist fest und luftbeständig.

**Wolframcitronensäure** $C_{12}H_{14}(WO_2)O_{14}$. Die Salze derselben entstehen durch Zufügen von Wolframtrioxyd zu Lösungen der entsprechenden Citrate. Wolframcitronensaures Ammonium

$$WO_2(C_6H_6O_7 . NH_4)_2 . C_6H_7O_7 . NH_4 + 2 H_2O$$

bildet nach Henderson und Whitehead[1]) farblose Prismen, sehr leicht löslich in Wasser, unlöslich in Weingeist.

Wolframcitronensaures Natrium

$$WO_2(C_6H_6O_7Na)_2 . C_6H_7O_7Na + 1/2 H_2O,$$

Wolframcitronensaures Kalium

$$WO_2(C_6H_6O_7K)_2 . C_6H_7O_7K + 3 1/2 H_2O,$$

Wolframcitronensaures Baryum

$$2 WO_2(C_6H_6O_7)_2Ba(C_6H_7O_7)_2Ba + 10 H_2O,$$

bilden farblose Nadeln, ziemlich leicht löslich in Wasser.

**Molybdäncitronensäure** $C_{12}H_{14}(MoO_2)O_{14}$. Die Salze derselben entstehen durch Zufügen von Molybdäntrioxyd zur siedenden Lösung der entsprechenden Citrate.

Molybdäncitronensaures Ammonium

$$MoO_2(C_6H_6O_7NH_4)_2 + 1/2 H_2O,$$

Molybdäncitronensaures Natrium

$$MoO_2(C_6H_6O_7Na)_2,$$

Molybdäncitronensaures Kalium

$$MoO_2(C_6H_6O_7K)_2 + 2 H_2O,$$

bilden nach Henderson und Wh.tehead[1]) farblose prismatische Krystalle, leicht löslich in Wasser, schwerer in Weingeist, leicht zersetzlich durch Licht oder Luft. Molybdäncitronensaures Baryum $MoO_2(C_6H_6O_7)_2Ba + 5 H_2O$ bildet ein krystallinisches, in Wasser schwer lösliches Pulver

**Chlorcitronensäure** $C_6H_7ClO_7$ wurde von Pawolleck[2]) bei der Anlagerung von unterchloriger Säure an Aconitsäure erhalten. Äußerst unbeständiger Sirup. Die Salze zerfallen, bei gelindem

---

[1]) Henderson und Whithead, Journ. chem. soc. 75, 546, 547.
[2]) Pawollek, Ann. Chem. Pharm. 178, 152, 155.

Erwärmen, unter Abscheidung von Chlormetallen. Die Säure zersetzt sich, schon beim Kochen mit Wasser, teilweise in Salzsäure und Oxycitronensäure. Vollständig erfolgt diese Umwandlung beim Kochen mit Kalkmilch oder Baryt.

**Citronensäurechlorid.** Phosphorpentachlorid wirkt auf entwässerte Citronensäure zunächst nach der Gleichung ein: $C_6H_8O_7 + PCl_5 + C_6H_8O_6 . Cl_2 + POCl_3$. Das Chlorid bildet feine Nadeln. Es zerfällt an feuchter Luft unter Bildung von Chlorwasserstoff und Citronensäure. Beim Erhitzen auf 100° zersetzt es sich nach Pebal[1]) in Salzsäure und Aconitsäure. Skinner und Ruhemann[2]) geben dem Chloride die Formel $C_6H_6O_5 . Cl_2$. Nach Klimenko und Buchstab[3]) entsteht aus Citronensäure und Phosphorpentachlorid das Chlorid $C_6H_5O_4 . Cl_3$, das mit Weingeist Citronensäureester liefert und sich in der Wärme zersetzt unter Bildung von etwas Aconitsäurechlorid.

**Salpetersaure Citronensäure** $(NO_3 . COOH)C(CH_2 . COOH)_2$, entsteht nach Champion und Pellet[4]) beim Eintragen von entwässerter Citronensäure in ein Gemenge von 1 Teil rauchender Salpetersäure und 2 Teilen konzentrierter Schwefelsäure. Man verdünnt das Gemenge vorsichtig mit Wasser, entfernt die gelöste Schwefelsäure durch Baryumcarbonat, neutralisiert die Flüssigkeit mit Kaliumcarbonat und fällt die Salpetercitronensäure durch Bleiessig. Unlöslich in Äther, in Weingeist in jedem Verhältnis löslich. Gibt mit überschüssigem Barytwasser einen unlöslichen Niederschlag.

**Citronentellurigesäure.** Das Salz $K_2(C_6H_5O_7)_2H_2TeO + H_2O$ entsteht nach Klein[5]) aus Kaliumtellurit und Citronensäure. Es bildet kleine Blättchen, die in Wasser sehr leichtlöslich sind.

**Isocitronensäure** $OH . CH(CO_2H)CH(CO_2H)CH_2 . CO_2H$ entsteht nach Miller[6]) beim Kochen von Trichlormethylparaconsäure mit Baryumhydroxyd. Man trägt 40 g krystallisiertes reines

---

[1]) Pebal, Ann. Chem. Pharm. 98, 71, 67.

[2]) Skinner und Ruhemann, Chem. Ztg. 1889, 495. Journ. chem. soc. 55, 236, 237.

[3]) Klimenko und Buchstab, Journ. russ. phys. chem. Ges. 1890, 96, Ch. Ztg. 1890, 145.

[4]) Champion und Pellet, Bull. soc. chim. 24, 448.

[5]) Klein, Jahresber. d. Chem. 1886, 1352.

[6]) Miller, Ann. Chem. Pharm. 255, 48, 51; 285, 7.

Baryumhydroxyd in eine siedende wässerige Lösung von 10 g Trichlormethylparaconsäure ein, kocht einige Zeit und filtriert siedend heiß. Das abfiltrierte Salz wird wiederholt mit Wasser ausgekocht, dann in kochender verdünnter Essigsäure gelöst und durch verdünnte Schwefelsäure genau zerlegt. Die Säure bildet leicht eine $\gamma$-Lactondicarbonsäure. Sie geht bei 100° völlig in das Anhydrid über. Diese Umwandlung erfolgt teilweise bereits beim Stehen im Vakuum über Schwefelsäure. Calciumisocitrat $Ca_3(C_6H_5O_7)_2 . H_2O$, wandelt sich beim Kochen mit Wasser in ein amorphes, fast unlösliches Pulver um. Das Baryumsalz gleicht dem Calciumsalz, ist aber, heiß gefällt, noch viel schwerer löslich in Wasser. Das Silbersalz bildet einen hellbraunen amorphen Niederschlag. Das Natriumsalz $Na_3C_6H_5O_7$ ist ungemein leicht löslich in Wasser.

**Isocitronensäureanhydrid**, Lactoisocitronensäure $CO_2H . CH . CH . (CO_2H) . CH_2 . CO . O$ ist nach Miller schwer löslich in Chloroform, Benzol und Ligroin, leicht löslich in Wasser, Weingeist und Essigester. Smp. nach Wislicenus und Nassauer 120—130°. Salze erhält man durch Neutralisieren des Anhydrids mit Carbonaten in der Kälte. $CaC_6H_4O_6 + 3 H_2O$, Nadeln, schwer löslich in Wasser. $BaC_6H_4O_6$, gummiartig, das getrocknete Salz löst sich schwer in Wasser. $Ag_2C_6H_4O_6$, amorpher Niederschlag.

**Triäthylisocitronensäure** $C_6H_5O_7(C_2H_5)_3$, entsteht nach Wislicenus und Nassauer[1]) bei der Reduktion von Oxalbernsteinsäureester mit Natriumamalgam. Öl siedet nicht unzersetzt oberhalb 260°. Sdp. 149—150°.

**Methylisocitronensäure** $C_6H_7O_7 . CH_3$, entsteht aus Acetbernsteinsäureester mit Blausäure und Salzsäure, und geht, aus ihren Salzen abgeschieden, sofort in $\beta\gamma$-Dicarboxy-$\gamma$-valerolacton über [2]).

$\gamma$-Dimethylbutrolacton-$\alpha$, $\beta$-dicarbonsäureester

$$\begin{array}{l}(CH_3)_2C\text{———}CHCO_2C_2H_5,\\ \quad\quad O . CO . CHCO_2C_2H_5\end{array}$$

Smp. 46°, Sdp. 174°, aus $\beta$-Dimethylglycidester mit Na-Malonsäureester gewonnen, liefert beim Kochen mit Salzsäure Terebinsäure: Haller und Blanc[3]). — $\alpha\alpha$-Dimethyl-$\gamma$-oxytricarballyllactonsäure aus $\alpha\alpha$-Dimethyltricarballylsäure [4]).

---

1) Wislicenus und Nassauer, Ann. Chem. Pharm. 285, 7, 9.

2) Ber. d. deutsch. chem. Ges. 32, 3661.

3) Haller und Blanc, Chem. Zentralbl. 1906, II, 421.

4) Ber. deutsch. chem. Ges. 30, 1960.

**Sonstige.** Tripropylcitronensäure $C_6H_5O_7(C_3H_7)_3$, Acetylcitronensäuretripropylester $C_8H_7O_8(C_3H_7)_3$: Anschütz und Klingemann[1]). — Glycosecitronensäure $C_{21}H_{28}O_{23}$: Berthelot[2]). — Citronendianilidsäure, Citronendianilidsaures Anilin und citronenanilsäureanilid: Bertram[3]). — Citronensäureester: Hanna und Smith[4]). — Über Esterifizierung: Fischer und Speier[5]). — Über ein Phenylhydrazinsalz: Vries[6]). — Über Verseifungsgeschwindigkeit des Esters: Hjelt[7]). — Über Citronensäuredi-α-naphtalid: Böttinger[8]). — Über Paraphenetidinderivate und Anisidinderivate: v. Heyden Nchflg.[9]). — Über die Verseifung des Äthylcitrates: Mieli[10]). — Anilid, Nitrierung: Tingle und Blank[11]). — Ester, Phenylisocyanat: Valleé[12]). — Einwirkung von Natrium auf Citronensäureester: Freer[13]). — Mangankomplexverbindungen: Tamm[14]). — Komplexbildung mit $MoO_3 . 2 H_2O$: Rimbach und Wintgen[15]).

---

1) Anschütz und Klingemann, Ber. deutsch. chem. Ges. 18, 1954; 38, 3194.

2) Berthelot, Ann. chim. phys. (3) 54, 81.

3) Bertram, Ber. deutsch. chem. Ges. 38, 1615.

4) Hanna und Smith, Chem. Zentralbl. 1899, I, 1107.

5) Fischer und Speier, Ber. deutsch. chem. Ges. 28, 3255.

6) Vries, Ber. deutsch. chem. Ges. 18, 50; 28, 2612.

7) Hjelt, Ber. deutsch. chem. Ges. 29, 1869.

8) Böttinger, Ber. deutsch. chem. Ges. 27, 514; 29, 185.

9) Heyden, F. v., Nachflgr., Ber. deutsch. chem. Ges. 29, 726, 891.

10) Mieli, Gaz. chim. ital. 36, I, 490.

11) Tingle und Blanck, Journ. Americ. Chem. Soc. 30, 1587.

12) Valleé, Ann. Chim. Phys. (8) 15, 331.

13) Freer, Ber. deutsch. chem. Ges. 28, 776.

14) Tamm, Ztschr. phys. Chem. 74, 496.

15) Rimbach und Wintgen, Chem. Zentralbl. 1910, II, 940.

# Nachträge.

## Preisbewegung der Citronensäure in den letzten 15 Jahren[1]).

### 1. Deutsche Inlandpreise.

| | | | | | | | |
|---|---|---|---|---|---|---|---|
| Ende | Dezember | 1896: | 260—265 | Mk. | pro | 100 | kg |
| „ | „ | 1897: | 237—300 | „ | „ | „ | „ |
| „ | „ | 1898: | 248—250 | „ | „ | „ | „ |
| „ | „ | 1899: | 265—268 | „ | „ | „ | „ |
| „ | „ | 1900: | 290— — | „ | „ | „ | „ |
| „ | „ | 1901: | 235—240 | „ | „ | „ | „ |
| „ | „ | 1902: | 218—222 | „ | „ | „ | „ |
| „ | „ | 1903: | 215—235 | „ | „ | „ | „ |
| „ | „ | 1904: | 218—220 | „ | „ | „ | „ |
| „ | „ | 1905: | 260—265 | „ | „ | „ | „ |
| „ | „ | 1906: | 340— — | „ | „ | „ | „ |
| „ | „ | 1907: | 350— — | „ | „ | „ | „ |
| „ | „ | 1908: | 290—300 | „ | „ | „ | „ |
| „ | „ | 1909: | 300—310 | „ | „ | „ | „ |
| „ | „ | 1910: | 285—290 | „ | „ | „ | „ |

### 2. Londoner Preise.

| | | | | | | | | |
|---|---|---|---|---|---|---|---|---|
| Ende | Dezember | 1896: | 1 s | 1 | d | pro | Pfund | engl. |
| „ | „ | 1897: | 1 s | ½ | d | „ | „ | „ |
| „ | „ | 1898: | 1 s | 1 | d | „ | „ | „ |
| „ | „ | 1899: | 1 s | 2 | d | „ | „ | „ |
| „ | „ | 1900: | 1 s | 3½ | d | „ | „ | „ |

1) Nach den Marktberichten der Chemiker-Zeitung, für bleifreie krystallisierte Ware.

| | | | | |
|---|---|---|---|---|
| Ende | Dezember | 1901: | 1 s 3/4 d | pro Pfund engl. |
| „ | „ | 1902: | — 11 3/4 d | „ „ „ |
| „ | „ | 1903: | 1 s — | „ „ „ |
| „ | „ | 1904: | 1 s 1/4 d | „ „ „ |
| „ | „ | 1905: | 1 s 2 3/4 d | „ „ „ |
| „ | „ | 1906: | 1 s 7 1/2 d | „ „ „ |
| „ | „ | 1907: | 1 s 7 1/2 d | „ „ „ |
| „ | „ | 1908: | 1 s 3 3/4 d | „ „ „ |
| „ | „ | 1909: | 1 s 4 d | „ „ „ |
| „ | „ | 1910: | 1 s 3 3/4 d | „ „ „ |

Eigenschaften. Die Citronensäure bildet zwei verschiedene Mono- und zwei verschiedene Dialkalisalze (Ber. deutsch. chem-. Ges. 26, 687).

Bildungswärme.

| | Entwickelte Wärme: Die Verbindung ist gelöst: | fest: |
|---|---|---|
| $C_6H_8O_7$ . . . . . . . . . . . . . . . . | +366,9 | +364,8 Cal. |
| $C_6H_8O_7+H_2O$ flüssig . . . . . . . . . | + 2,4 | „ |
| „ „ fest . . . . . . . . . . . | + 1,1 | „ |

Citronensaft. Matthes (Konservenztg. 1906, 411) tritt der Ansicht entgegen, daß Salicylsäure ein erlaubtes Konservierungsmittel sei, indem er gleichzeitig auf die Literatur hinweist, die dartun soll, daß Salicylsäure für den menschlichen Organismus nicht unschädlich sei, daß vielmehr ihre Unschädlichkeit erst nachzuweisen sei.

Bestimmung in der Milch. Die Denigèssche Reaktion zum Nachweis der Citronensäure mittelst Mercurisulfat und Kaliumpermanganat ist nach Desmoulière (Bull. d. sciences pharmacol. 17, 588) für eine quantative Bestimmung dieser Säure nicht brauchbar. Anderseits hat Desmoulière festgestellt, daß Äther dem mit Schwefelsäure angesäuerten Trockenrückstand der Molke neben Citronensäure und Essigsäure auch Phosphorsäure entzieht, und daß die Citronensäure bereits bei mäßig erhöhter Temperatur durch die Phosphorsäure merklich angegriffen wird.

Citronenextrakte. Die alkoholischen Extrakte der Citronenschalen sowie des Fruchtfleisches der Citronen wurden von Chauvin (Monit. scientif. 1909 (23), 90) gesondert und untersucht. Der Rückstand des Schalenextraktes betrug 10% mehr als der aus dem Fruchtfleisch erhaltene. Die Acidität des Fruchtfleischextraktes war zehn mal so groß als die des Schalenextraktes. Der Aschengehalt des Schalenextraktes übertraf den des Fruchtfleischextraktes um etwa ein Drittel. Alkalität und Phosphorsäuregehalt der Aschen war in beiden Extrakten nahezu gleich.

Lithiumcitrat. Im Lithiumcitrat kommen, von seiner Herstellung herrührend, Natrium- und Kaliumsalze vor, auf die das Präparat zu prüfen ist. Hierfür empfiehlt Alcock (Pharm. Journ. 1908, 586) eine von Symons vorgeschlagene Reinigungsmethode für Lithiumsalze. Wenn sich Lithiumcarbonat und -citrat in reichlicher Menge in starker Salzsäure auflösen und bei langem Stehenlassen gar keinen Niederschlag geben, so sind Kalium und Natrium in wesentlicher Menge nicht vorhanden. Wenn jedoch die Lösung hierbei gelblich wird, so darf man die Anwesenheit von Eisen annehmen.

---

# Sachregister.